THE ART OF LOGIC

How to Make Sense in a World that Doesn't

逻辑的力量

[英] 郑乐隽（Eugenia Cheng）——著

杜娟——译

中信出版集团 | 北京

图书在版编目（CIP）数据

逻辑的力量 /（英）郑乐隽著；杜娟译. -- 北京：中信出版社，2019.10（2022.12 重印）

书名原文：The Art of Logic: How to Make Sense in a World that Doesn't

ISBN 978-7-5217-1002-1

Ⅰ. ①逻… Ⅱ. ①郑… ②杜… Ⅲ. ①逻辑学—通俗读物 Ⅳ. ①B81-49

中国版本图书馆CIP数据核字（2019）第197306号

逻辑的力量

著　者：［英］郑乐隽
译　者：杜　娟
出版发行：中信出版集团股份有限公司
（北京市朝阳区惠新东街甲4号富盛大厦2座　邮编　100029）
承 印 者：中国电影出版社印刷厂

开　本：787mm × 1092mm　1/16　　印　张：19.75　　字　数：250千字
版　次：2019年10月第1版　　印　次：2022 年 12 月第 8 次印刷
京权图字：01-2019-4611
书　号：ISBN 978-7-5217-1002-1
定　价：69.00元

服务热线：400-600-8099
投稿邮箱：author@citicpub.com

致我的父母

他们教会了我逻辑和直觉

目录 | CONTENTS

第三部分 逻辑与情感

序言

如果每个人都能更加清晰地思考，辨别真实与虚假、真相与谎言，是否会更有益处呢？

但是，什么是真相？真相与假象之间的差异总是那么容易区分吗？事实上，这两者之间的差异曾经容易区分过吗？如果容易区分，为什么人与人之间会产生如此多的分歧？如果不容易区分，为什么人们又会认同彼此？

这个世界充满了可怕的言论、冲突、分歧、假新闻、受害者、剥削、偏见、偏执、责难、呐喊和博人眼球的噱头。当猫模因获得的关注比谋杀案更多时，社会丧失逻辑了吗？当耸人听闻的新闻标题如病毒般扩散时，理智变得无关紧要了吗？在我们所处的世界里，无尽的资源无休止地争夺着我们的注意力。很多时候，人们制造简单的夸大的言论，就是为了起到一些效果，产生一些影响，赢得一丝赞誉，攫取一些关注。

但是，过度的简单化将我们推向了人造的非黑即白的境地，而事实上所有的真实事物都存在于无尽的灰色空间，或者多彩的空间。因此，我们的生活中总是充斥着无穷无尽的冷嘲热讽、争辩以及相互攻击。即便事实不是字面描述的这样，也相去不远。

所有的希望都破灭了吗？我们难道注定要非此即彼，再也无法取得共识了吗？

不是这样的。

对于任何一个在现代世界的逻辑缺失中溺水的人来说，都存在一个触手可及的救生圈，这个救生圈就是逻辑。但是和其他救生圈一样，只有在我们正确使用它时，它才能帮到我们。这就意味着，我们不仅要更好地理解逻辑，还要更好地理解情感，最重要的是理解它们之间的相互作用。只有这样，我们才能在真实的人类世界中真正有效地使用逻辑。

数学可以仔细打磨逻辑的技巧。作为一个数学学者，我有这方面的经验。我相信人们可以从数学的技巧和见解中学到知识。因为数学的实质就是构建逻辑缜密的论证，并说服其他人接受这些论证。数学不仅仅包含数字和方程——它是一门辩论的学问。它提供了一个论证的框架。这个框架非常成功，人们在数学领域中确实经常能就某些结论达成一致。

人们普遍认为数学是关于数字和方程的学科，而且在我们能够使用到数字的所有地方数学都是有用的。这个观点的错误之处是它认为数学的重点就是将现实生活中的情景转化成方程，然后用数学来解决这些方程。这确实是数学的一个侧面，但也是一个极为狭隘和片面的观点，它并没有全面地回答数学是什么以及数学能做什么。从这个角度出发，人们把“纯数学”当作一个关于深奥符号的纯粹领域。它远离真实世界，只能通过一连串的介质与现实世界产生互动：

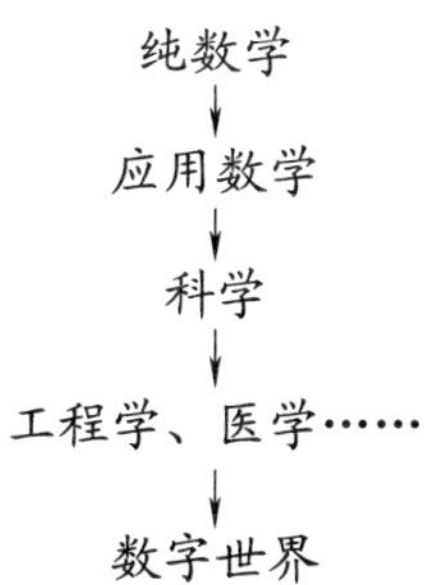

相反，我们应该从对数学的狭隘的、线性的、不完整的看法中跳出来，从广义上理解数学，从而在更大的范围内使用数学。在学校里，数学可能主要是关于数字和方程的，但是更高层次的数学是关于如何思考的。因此，数学适用于整个人类世界，而不仅仅适用于涉及数字的部分。

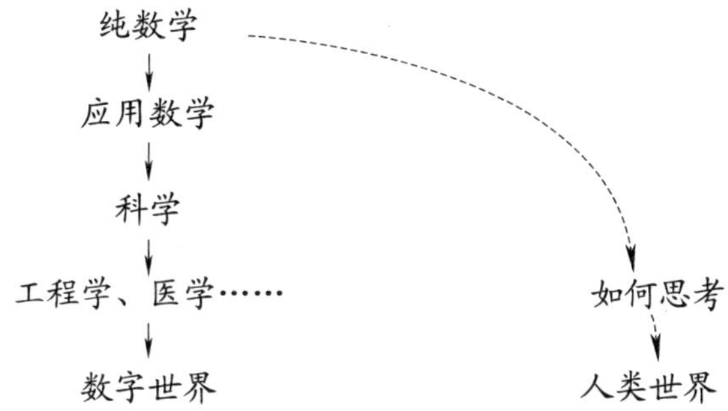

数学可以帮助我们更清晰地思考，但是不会告诉我们应该思考什么。这本书的目的也不是教人思考什么。与很多人的理解恰恰相反，数学并不是非对即错的，很多观点也不是非对即错的。数学告诉我们，事物的对与错是依赖于世界观的。人们彼此之间的不赞同，往往是由不同的根本理念引发的不同观点造成的，并不代表一方是正确的，而另一方是错误的。

如果对你来说数学和逻辑的概念既遥远又抽象，那么你是正确的——数学和逻辑确实是既遥远又抽象的。但是我认为抽象是有目的的，更广泛的适用性就是其强有力的结果之一。数学的遥远也是有目的的，后退一步能够帮助我们专注于重要的原则，让我们在陷入烦琐的人为细节前更清晰地思考这些原则。

之后我们会引入这些细节。我们将分析和阐明混乱的、有争议的、有歧义的问题，例如性别歧视、种族主义、特权、骚扰、虚假新闻等等。逻辑并不能解决这些问题，但是逻辑能理清我们应该讨论的条目。因此，我不会告诉你这些争论的结论应该是什么，但是我将会告诉你应该怎样进行争论。

在本书中，我将展示逻辑的力量以及它的局限性，因此我们能够负责任地、有效地使用它的力量。在第一部分，我将介绍如何使用逻辑，通过建立清晰的、不可辩驳的观点来验证和确定真理。在第二部分，我将讨论逻辑会在何处崩塌，无法再为我们提供帮助。与对待其他工具的时候一样，我们不应该试图超越逻辑的极限来使用它。因此，在本书的最后一部分，我将阐明在逻辑之外我们应该做什么。最重要的是，我们还需要带入情感。首先找到通往逻辑的方法，然后将它传达给其他人。逻辑令我们观点缜密，而情感使这些观点具有说服力。在所谓的“后真相”的世界里，接近真理的方式更多地取决于情感而不是逻辑。这听起来似乎对理性不利，但是我认为只要让情感和逻辑相互协作而不是相互对抗，这就不是件坏事。

情感和逻辑并不是敌人。逻辑在抽象的数学世界里完美运作，但是生活远比这复杂。生活涉及人类，而人类有情感。在我们这个美丽又烦琐的世界里，我们应该用情感支撑逻辑，用逻辑理解情感。我坚信，当我们同时使用情感和逻辑，并且发挥它们各自的优势而不超越它们的极限时，我们就能够更清晰地思考，更有效地沟通，并收获对人类同胞更深入、更富同情心的理解。这才是真正的逻辑的艺术。

第一部分

逻辑的力量

第一章

•

为什么要有逻辑?

•

世界既广阔又复杂。我们如果想要理解它，就需要简化它。有两种方式可以让事物变得更简单，一种是忘记它的某些部分，另一种是让自己变得更加聪明。这样，原先看起来无法理解的事物对于我们来说就变得清晰明了了。本书论述了在理解的过程中，逻辑能够并且应该起到的作用；分析了逻辑如何帮助我们更加清晰地观察和理解这个世界；呈现了逻辑所闪耀的光芒。

逻辑包含了让事物变得更简单的这两种方式。忘记细节是一个抽象化的过程，在这个过程中我们可以看到事物的本质，并且暂时将注意力集中在它身上。重要的是，我们一定不能忘记关键性的细节。如果忘记关键的细节，这个过程就会变成过度简化，不具有启发作用了。而且我们只是暂时这么做，所以我们并没有宣称已经理解了所有事物，而是认为自己理解了一个核心，所有进一步的理解都可以建立在这个核心上。

在本章中，我们将首先讨论为什么逻辑是所有理解过程的良好基础，以及在一个不符合逻辑的人类世界中，逻辑可能发挥什么作用。

获取真相

所有研究和学习的领域都致力于揭示与世界相关的真相，内容可能包括地球、天气、宇宙、鸟类、电子、大脑、血液、数千年前的人类、数字或者其他事物。根据所学的内容，你需要用不同的方法来确定什么是正确的，并且说服其他人接受你的想法。任何人都可以宣称自己的想法是正确的，但是除非他们能以某种方式来支持自己的主张，否则没有人会相信他们是正确的。

因此，不同的学科需要通过不同的方式来获取真相。

科学真相是利用科学方法来确定的，科学方法是一个明确定义的框架，用来决定某件事物为真的可能性。它通常包括建立一个理论，收集证据，然后用证据来严格检验理论。

数学的真理是通过逻辑来实现的。虽然我们可以利用情感去感受它，理解它，并且说服他人接受它，但是我们只能用逻辑来验证它。其中的差异是非常重要而且微妙的。在某种程度上，我们确实是通过情感来获取数学的真理的，但是在我们使用逻辑验证它之前，它都不能算是正确的。

人们在分歧中有时会抛出“逻辑”这个词，试图给论点增添些分量。人们可能会说“在逻辑上，这是正确的”，或者“在逻辑上，这不可能是正确的”，或者“你就是不符合逻辑”。“从数学上讲”这种说法也常常会以这种方式抛出。比如，“从数学上讲，他们可能无法赢得选举”。不幸的是，这些用法常常是毫无意义的，这更像是人们试图支撑一个薄弱论点发出的最后一击。与此同时，人们对这些词语的滥用降低了它们的含金量，这令我感到悲哀。但我是一个乐观主义者，所以我也选择从中找到令人振奋的东西：我很高兴地认为，在某种程度上，人们知道逻辑和数学是不可辩驳的，所以它们的出现可以令人信服地结束一场争论。虽然人们用这类名词来击败对手是徒劳的，但是至少在某种意义上它们的力量是被公认的。

我不是简单地哀叹人们对逻辑和数学的误解，而是选择解决这个问题，我希望它们的力量能被真正用于良好的目的。这就是我写这本书的原因。

使用逻辑的优点

利用一个明确的框架来获取真相，主要原因之一就是我们可以就某些事物达成一致。人们总是尽可能多地反对他人，并且沉醉于此，这似乎是非常激进的。在体育运动中就会出现这种情况，尽管裁判只是简单地运用了约定的规则，粉丝们还是会对裁判做出的裁决感到愤怒。

记得有一年，我观看牛津—剑桥赛艇对抗赛。当赛艇发生危险的碰撞时，剑桥队被处罚了。作为一个剑桥人，我非常气愤，因为在我看来显然是牛津队蓄意转向剑桥队的，所以看起来应该是牛津队的错。我认为裁判与牛津队之间有阴谋，所以裁判故意偏袒牛津队。然而，我并没有一味地抨击这种猜测的阴谋，而是查阅了许多专家的评论，试图理解到底发生了什么。我了解到，在泰晤士河赛艇比赛中，人们会沿着河中心画出一条假想的分界线，每艘赛艇在自己这一侧河水中都具有优先权。这意味着一艘赛艇可以留下很多空间，也许在过弯道时，可以“引诱”其他赛艇越过这条线。接下来，拥有优先权的这艘赛艇就可以故意转向越线的赛艇，因为它们很清楚自己并不会受到惩罚。这在道德上是正确的吗？这到底是谁的错？我们将在第五章阐明责备与责任的问题。

使用一个明确的框架来达成共识，这个观念也有点儿像医学诊断的工作原理。医学界试图制定一个清晰的检查表，以便做出的诊断是明确的，整个行业的不同人员都能够一致地做出这样的诊断。

逻辑需要有明确的规则，以便不同的人能够明确地得出一致的结论。这在理论上是美妙的，也许这里的“在理论上”意味着在数学的抽象世界中。数学取得进展的能力是惊人的。哲学家迈克尔·达米特在《数学哲学》中写道：

> 数学在稳步前进，而哲学则不停地挣扎在无穷无尽的困惑中，困惑于哲学一开始就面对的问题。

为什么数学家能够就什么是正确的达成共识？为什么这些事物在几千年后仍然是正确的，而其他学科似乎在不断改进和更新它们的理论？我相信答案在于逻辑的稳健性。这是它巨大的优势。

逻辑世界也存在一些缺点，其中一个就是只通过大声喊叫你是无法赢得争论的。当然，只有在你喜欢通过喊叫来赢得争论时这才是一个缺点。我通常不会这么做，但不幸的是，有很多人这样做，所以他们不喜欢逻辑世界。而且他们也不喜欢这个事实——在逻辑的世界中，他们无法在我这样一个不高大、轻声细语、不酷的人面前占上风。因为在逻辑的世界里，力量并不来源于大块儿的肌肉、大量的金钱或者过人的运动能力，而是来源于纯粹的逻辑思维能力。

逻辑世界的另一个缺点是你不再真正地脚踏实地了，因为我们已经不在具体的世界里了。有时，你会感觉自己在四处飘荡。但我发现，一个人一旦习惯了这种状态，就会觉得这是一种非常愉快的感受。这就像把第一个人送入太空，其关键之处在于怎样使其回到地球上。在本书中，我们将在抽象世界中漂流，而这不仅仅是为了好玩儿。我们将回到地球上，使用强有力的逻辑技术，解决围绕社会状况的真实的、密切的、紧迫的争论。进入逻辑的抽象世界可以使我们在现实世界中走得更远，就像在天空中飞行可以使我们在现实生活中旅行得更远、更快一样。从本质上而言，这就是数学的全部意义。

数学是什么，不是什么

人们对数学有许多误解。这可能来源于数学在学校中被呈现的方式——作为一系列规则，你必须遵循这些规则才能得到正确的答案。在学校中，数学的正确答案通常是一个数字。当证明终于进入数学课堂时，它通常以几何学的形式出现。在几何学中，“逻辑论证”的构成是使用特定的事实来证明其他无意义的结果。例如，有一些已经被设定条件的直线，在不同的位置彼此相交，然后这里的一个角会与另一个地方的角相关。

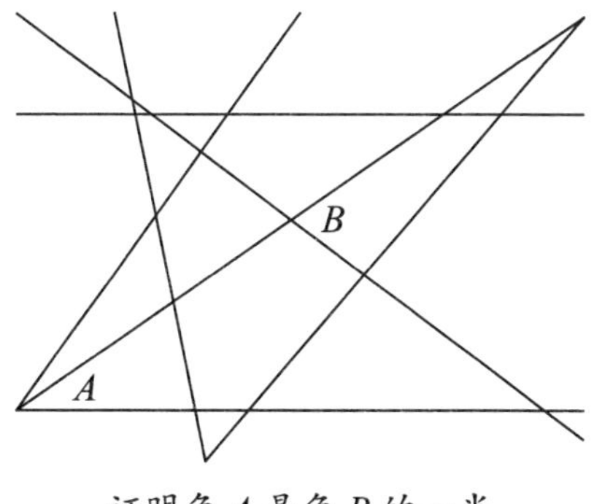

证明角 A 是角 B 的一半

（注意：这个例子是一个恶作剧，是不可能被证明的。）

然后，你会面临一系列的测试和考试，在限定的时间内做一整套无意义的练习。如果你克服了这些困难，仍然相信自己喜欢数学，那么你就可以进入大学继续进行数学的学习。这时，所有事情都有可能重演，除了难度——大学数学更难。如果你完成了这一切，并且仍然认为自己喜欢数学，那么你可以攻读博士学位，开始从事相关研究。到了这里，数学终于变成我心目中真正的数学的样子了。它不再是一连串需要跃过的障碍，不再是为了获得“正确答案”而做出的尝试，而是一个需要探索、发现和理解的世界——逻辑世界。

在这一点上，许多人意识到，他们之前对“数学”的喜欢在于越过这些障碍，获取正确的答案。他们喜欢这种能够轻松地获得正确答案的感觉，所以一旦踏入这个探索性的数学世界，他们就逃跑了。

其他人在经历了不幸的学校生涯后，仍然保持着对数学的热爱。因为他们认为，当自己开始做研究时，数学会变得越来越好，越来越让人兴奋。教育学家丹尼尔·芬克尔称这种现象是对学校数学课程的“免疫”。我的妈妈为我接种了数学课程的“疫苗”，她向我展示了一个比我们在学校里所学的丰富得多的数学世界。很多人都是通过一位优秀的数学老师对数学免疫的——有时，我们只需要一个老师、一堂课，就能产生免疫效果，并且使学生相信，无论这堂课前发生过什么，以及这堂课后会发生什么，只要他们追随数学足够长的时间，数学的世界就会向他们敞开大门，让他们着迷。

那么，当我们开始研究时才会遇到的这个“真正的数学”是什么？什么是数学？许多人认为数学就是“对数字的研究”，但是它远不止于此。我曾经在芝加哥的一所小学做过一个关于对称性的讨论，一个小男孩后来抱怨道：“数字在哪儿呢？”我解释说数学不仅仅与数字相关，于是他哭叫道：“可是我想要让它与数字相关！”

科学发现的规则包括实验、证据和可重复性。数学发现的规则不涉及以上任何一项，但它涉及逻辑证明。数学真理是通过构建逻辑论证来建立的，而且这就是全部。

我最喜欢的思考数学的方式是：它是对事物如何运作的研究。但这并不是对任何已有事物如何运作的研究，而是对逻辑事物如何运作的研究。而且，这不是对逻辑事物如何运作的任何已有的研究，而是对逻辑事物如何运作的逻辑性研究。

- 数学就是对逻辑事物如何运作的逻辑性研究。
- 任何研究型学科都包含两个方面：

  （1）研究的是什么。

  （2）如何研究它。

这两者是有联系的，但是在数学中，它们之间的联系具有周期性。通常，我们正在研究的对象决定了我们如何研究它们，但是在数学中，我们研究它们的方式也决定了我们能够研究什么。我们使用的方法是逻辑，所以我们可以研究任何按照逻辑规则运行的对象。但是这些对象是什么呢？这是本书第一部分的主题。

规则

不同的游戏和运动采用不同的规则，它们都以一种非常明确的方式决定谁是最好的。就我个人而言，我更喜欢那些可以非常清晰地判定结果的游戏和运动，比如谁第一个冲过终点线，或者谁在不碰掉横杆的情况下跳得最高。像体操或者跳水这样的运动，如果需要一组评委根据已经确定的标准来做出决定，就会显得更加复杂、混乱和模棱两可。标准的设定应该是明确的，并且将人类的判断从当前的情况中移除。但是，如果标准真的是明确的，那么裁判之间就绝对不会有分歧，我们也就不需要整整一组裁判员了。

但是，即使是看起来很容易判定的运动也有很多规则。如果更仔细地观察 100 米短跑或者跳高，我们就会发现，还有许多关于抢跑、使用药物、谁被允许作为女人参赛、谁被允许作为体格健全的人参赛等规则。

和运动一样，逻辑有一个问题：你如果非常不习惯规则，就会为之感到困惑。我就对美式足球（橄榄球）的规则感到非常困惑。美国人通常认为这是因为我是一个英国人，我已经非常习惯“英式”足球。但事实上，我对英式足球的规则也感到困惑。但是，英式足球至少是用脚来移动球的运动，所以我理解得更多一些。

在真正开始从事运动之前，我们需要清楚地知道运动的规则是什么。在能够真正开始运用逻辑之前，我们也需要清楚逻辑的规则是什么。就像运动一样，我们越想取得进步，就越要深刻地理解这些规则以及它们的微妙之处。这是一件费力的事，但是对逻辑的基本原理了解得越多，我们越能得到更好、更富有成效的论点。

争论的理论

互联网是有缺陷论点的一个丰富的、无穷无尽的来源。与气候科学和疫苗接种一样，非专家逐渐将专家共识视为精英阴谋，这种情况已经出现了惊人的增长。很多人对某事达成共识并不意味着存在阴谋。很多人都赞同罗杰·费德勒在2017年获得了温布尔登网球锦标赛冠军。事实上，可能每一个关注比赛的人都会赞同这个结果。这并不意味着这是一场阴谋，而是意味着温布尔登网球锦标赛是有非常明确的规则的，很多人都看着他比赛，并依据规则证实他确实赢了。

在这方面，科学和数学的问题在于它们的规则更难以理解，因此，非专家更难验证规则是否被遵守。但是，这种理解的缺乏可以追溯到一个更基本的层面："理论"一词的不同用法。在某些用法中，"理论"只是对某些事物的一个建议性解释。在科学中，"理论"是一种解释，它根据明确的框架被严格检验，并且在统计学上很有可能是正确的。（更准确地说，如果没有正确的解释，那么在统计学上结果是不可能发生的。）

然而，在数学中，"理论"是根据逻辑被证明是正确的一系列结果。这不涉及任何可能性，不需要任何证据，也没有任何疑问。当我们询问这个理论如何为周围的世界建模时，疑问和问题才会出现。但是，在这个理论中，正确的结论必须在逻辑上是正确的，并且数学家们都赞成它是正确的。如果数学家们质疑这个理论，那么他们必须在证明的过程中找到错误，仅仅是大声喊叫是不会被接受的。

数学有一个显著的特点，数学家们非常善于就什么是正确的、什么是错误的达成一致。有一些开放性的问题，我们还不知道答案，但是2 000年前的数学仍被认为是正确的，而且依然在被传授。这一点与科学不同，科学正在不断地被完善和更新。除了在科学史的课堂上，在其他任何场景中，我都不确定2 000年前的科学是否依然在被传授。出现这种情况的主要原因是，在数学中，用来证明事物正确的框架是逻辑证明，这个框架足够清晰，数学家们能够对此达成一致。这并不意味着有一个阴谋正在酝酿。

当然，数学不是生活。在现实生活中，逻辑证明并不是十分奏效。这是因为真实生活中的细微差异和不确定性远比数学世界中多。数学世界是专门为消除这种不确定性而建立的，但我们不能忽视现实生活中的这一方面。更确切地说，无论我们是否忽视这种不确定性，它都在那里。

因此，在现实生活中支持某个事物的论证不会像数学证明那样清晰，很明显，这就是分歧的来源之一。然而，逻辑论证应该与数学证明有很多共同之处，即使它们没有那么清晰明确。在现实生活中，一些围绕论证的分歧是不可避免的，因为它来源于对世界的真实的不确定性。但有些分歧是可以避免的，我们可以通过使用逻辑来避免这些分歧。这就是我们要关注的部分。

数学证明通常比普通生活中的典型论证更长，也更复杂。普通生活中的论证有一个问题，它们通常发生得非常快，所以没有足够的时间让人们形成一个复杂的论证。即使有充足的时间，注意力持续的时间也会变得非常短。如果你在一次重要的论证没有抓住重点，那么可能很多人都不会再关注你了。

相比之下，数学中一个简单的证明可能需要书写 10 页，花费一年的时间来构建。事实上，在写这本书的时候，我所做的筹备工作已经进行了 11 年，我的笔记已经超过了 200 页。作为一名数学家，我非常擅长规划冗长而复杂的证明。

对于日常生活中的争论而言，一个 200 页的论证确实太长了（尽管对于法律裁决而言可能并不罕见），然而 280 个字符太短了。解决日常生活中的问题并不简单，我们不能奢望在一句或者两句的论证中解决这些问题，或者直接通过直觉来做到这一点。我认为，建立、交流和遵循复杂逻辑论证的能力是聪慧、理性的人的一项重要技能。做数学证明就像运动员在非常高的海拔进行训练，这样，当他们回到气压正常的环境中时，就会感到做事更加容易了。但是，我们不是在训练自己的身体，而是在锻炼我们的逻辑思维，这些情况发生在抽象世界中。

抽象世界

大部分真实的对象并不依照逻辑来运作。如果你给小朋友一块饼干，然后再给一块，那么他会有多少饼干呢？可能会没有，因为他们会吃掉饼干。

为了进入一个逻辑能够完美运作的世界，我们会在数学中忘记一些与情景相关的细节。因此，我们不再考虑一块饼干和另一块饼干，只需要考虑“1+1”，忘记“饼干”。只要我们注意处理饼干的方式是否符合逻辑，“1+1”的结果就适用于饼干了。

逻辑是一个通过谨慎推理构建论证的过程。在复杂多变的普通生活中，我们可以尝试着这样做，因为正常生活中的事物在不同程度上是合乎逻辑的。我认为正常生活中的任何事物都不是完全合乎逻辑的。稍后我们将探讨事物是如何不符合逻辑的：或者因为情绪，或者因为我们有太多的数据要处理，或者因为太多数据的遗失，或者因为存在随机的因素。

因此，为了从逻辑上研究事物，我们必须忘记那些令人讨厌的、从逻辑上阻碍事物运作的细节。在小朋友和饼干的案例中，如果允许他们吃饼干，那么情况的发展将不会完全符合逻辑。因此，我们需要强加一个条件，即不允许他们吃饼干。在这种情况下，研究对象可能不是饼干，而是任何不可食用的事物，只要它们能被分割成离散的小块。它们只是“事物”，没有任何可辨识的特点。这就是数字 1 的含义：它是一个清晰可辨的“事物”的概念。

这一转变将我们从物质的真实世界带入想法的抽象世界。这会给我们带来什么呢？

抽象世界的优点

进入抽象世界，我们就处在一个所有事物行为均符合逻辑的地方。在抽象世界中，如果在完全相同的条件下一次又一次地计算“1+1”，我将始终得到2。（我可以改变条件，然后得到其他答案。但是接下来，在这些新条件下，我也总能得到相同的答案。）

人们说，精神错乱就是一遍又一遍地做着相同的事，却期待着不同的事情发生。我认为逻辑（或者至少是一部分逻辑）就是一遍又一遍地做着相同的事，期待着相同的事情发生。拿我的电脑来说，它有时也会让我精神错乱。我每天都做相同的事情，然而我的电脑会周期性地拒绝连接无线网络。我的电脑是不符合逻辑的。

抽象有一个很强大的功能，那就是当你忘记一些细节时，许多不同的情况就变得相同了。在抽象世界中，我可以把一个苹果和另一个苹果、一只熊和另一只熊、一名歌剧演员和另一名歌剧演员，以及所有这类情形都变成“1+1”。一旦发现不同的事物在某种程度上是相同的，我们就可以同时研究它们，这会更为高效。也就是说，我们可以研究它们的共同点，然后分别观察它们的不同之处。

我们可以在不同的情况之间找到许多联系，这可能是出人意料的。例如，我已经发现，在巴赫的钢琴前奏曲和我们编头发的方式之间存在某种联系。在不同情况之间寻找联系，能够帮助我们从不同的角度理解它们。但从根本上讲，这也是一种求同的行为。我们可以强调差异，也可以强调相似之处。无论是在数学里，还是在生活中，我都热衷于寻找事物间的相似之处。数学是一个在科学的不同部分之间寻找相似性的框架，而我的研究领域（范畴论）是一个在数学的不同部分之间寻找相似性的框架。在第六章，我们将展示从关系的角度思考的有效性。

在寻找事物之间的相似之处时，我们常常不得不放弃越来越多的外部细节，直到我们到达将事物结合在一起的深层结构。比如，从外表上看，我们每个人都并不完全相像。但是，如果我们将自己剥得只剩骨架，那么我们基本上是一样的。蜕去外壳，或者将争论归结为它的本质，有助于我们理解自己的想法，特别是有助于我们理解自己为什么不赞同其他人。

抽象世界有一个格外有用的特点，即在你想起它的时候，它就存在。如果你有一个想法，而且你想要实施它，那么你可以立即行动起来。你不需要出去购买它（或者请求你的父母为你购买它，或者请求你的资助机构给你钱去购买它）。我希望我的晚餐在我一想到它时就会出现。但是，晚餐不是抽象的，所以它不会出现。更严肃地说，这意味着我们可以用自己对世界的想法进行思想实验，遵循逻辑推理，然后观察将会发生什么，而不需要为了获得这些想法，去做那些真实的、可能不切实际的实验。

我们如何进入抽象世界？

进入抽象的、逻辑的世界是通往逻辑思维的第一步。当然，在正常生活中，我们可能不需要如此明确地去往那里，以便逻辑地思考周围的世界。但是当我们试图在某种情况下找到逻辑时，这个过程仍然存在。

最近，伦敦地铁推出了一个新体系。在这个体系中，站台的某些区域被涂上绿色的标记，指示车门将在那里开启。等候地铁的乘客按照指示站在绿色区域外，这样一来，那些想要下车的乘客就有空间下车，无须面对一排想要上车的人墙了。此举的目的是改善人流的移动，减少可怕的拥堵，特别是在高峰时段。

这对我而言是个好主意，却遭到一些普通上班族的强烈抗议。显然，这个体系让有些人感到不安。他们经过多年的通勤和研究，掌握了车门将会在哪里开启，而这些标记破坏了他们积攒下来的“竞争优势”。那些从未来过伦敦的游客，现在也有了同样的第一个登上地铁的机会，这让上班族们感到非常难过。

这些抱怨遭到了嘲笑，但我认为它提供了一个有趣的角度，让我们看到平权行动引起争议的一个方面：如果我们为那些弱势群体提供特别的帮助，那么某些没有获得这种帮助的人似乎会感到不公平。他们认为只有那些人得到帮助是不公平的。就像那些荒谬的、愤怒的上班族一样，他们很恼火自己失去了辛苦攒下的“竞争优势”，他们认为其他人也应该通过努力获得它。

这不是一个明确的数学案例，但是这种进行类比的方法是数学思维的本质。在数学思维中，我们把注意力集中在一个情境的重要特征上，以阐明这个情境，并与其他情境建立联系。事实上，数学作为一个整体，可以被考虑成类比的理论。在整本书中，我们都将使用类比来串联明显不相关的情境，并将在第十三章详细分析类比的作用。要想找到类比，我们需要剥离一些与当前思考无关的细节，找到在核心处令其运作的想法。这是一个抽象化的过程，也是我们进入抽象世界的方式。在抽象世界里，我们可以更容易、更有效地应用逻辑，并在一种情况下检验逻辑。

为了更好地执行这种抽象化，我们需要将固有的事物从偶然出现的事物中分离。逻辑上的解释来自事物深刻的、不变的含义，而不是来自事件的顺序或者个人的决定和品位。内在性意味着我们不应该依赖背景来理解事物。我们将看到，我们对语言的正常使用一直依赖于语境，因为同一个词在不同的语境中可能会有不同的意思。在正常语言中，人们不仅通过语境来评判事物，还会联系自己的经验来评判事物；而逻辑上的解释需要独立于个人的经验。

理解一个情境中内在的东西，需要我们从根本意义上理解事情为什么会发生。这与一遍又一遍地询问“为什么”有很大的关系，这就像小孩子一样，不仅仅满足于眼前肤浅的答案。首先，我们必须非常清楚地知道自己在讨论什么。正如我们将要看到的，逻辑论证旨在揭示事物的真正含义，为了做到这一点，你必须非常深刻地理解事物的含义。这通常看起来像是在做一个围绕定义的论证。如果你尝试对“你是否存在”进行讨论，那么你可能会发现，这个话题很快就会退化成关于“存在”的意义的讨论。通常，我可能会选择一个意味着我的确存在的定义，因为比起说“不，我不存在”，这是一个更有用的答案。

逻辑和生活

我已经断言，世界上没有事物是完全依照逻辑运作的。那么，我们如何在周围的世界里使用逻辑呢？数学论证和辩解都明确而有力，但是我们无法使用它们来得出有关人类世界的、完全明确的结论。我们可以试着用逻辑来构建关于真实世界的论证。但是，无论我们构建的论证多么明确，如果从模棱两可的概念开始，我们就会得到模棱两可的结果。我们可以使用非常安全的建筑技术，但是如果使用用聚苯乙烯制成的砖块，那么我们永远无法得到一个非常坚固的建筑。

然而，理解数学逻辑有助于我们理解歧义和分歧。它帮助我们理解分歧来自何处，是来自逻辑的不同用法，还是来自不同的构建单元。比如，两个人对医疗保险的意见不一致，他们可能对是否每个人都应该享有医疗保险有分歧，也可能对提供给每个人医疗保险的最佳方式有分歧。这是两种截然不同的分歧。

如果他们之间的分歧属于后者，那么他们可能正在使用不同的标准来评估医疗保险体系，例如政府的成本、个人的成本、覆盖率或者结果。也许在一种体系中，平均保费增加了，但是更多的人可以获得保险。或者，他们可能正在使用相同的标准来评价不同的体系，例如，评估个人成本，一种方式是查看保费，另一种方式是查看在任何治疗中人们需要实际支付的金额。而且，即使我们只专注于保费，也有不同的评估方式，例如查看平均值、中间值，或者社会最贫困阶层的成本。

如果两个人对如何解决问题意见不一致，那么他们可能对什么算是解决方案有分歧。或者说，他们虽然对什么算是解决方案意见一致，但是对如何执行解决方案存在分歧。我相信，理解逻辑可以通过帮助我们找到分歧的根源在哪里来消除分歧。

在本书的第一部分，我们剖析了逻辑作为建立论证的准则、数学的一部分，它到底是什么。在第二部分，我们将看到逻辑的局限性。在第三部分，我们将看到，鉴于这种局限性，认真对待我们的情绪是多么重要。

逻辑就像光源

我们所做的一切都是为了照亮这个世界。如果过度使用逻辑，我们就有超越这个目标的风险，还有可能让自己面临迂腐的指责。不幸的是，数学家和极具逻辑性的人常常被非数学家和缺乏逻辑性的人视为迂腐的人。在这里，我冒着让自己显得很迂腐（以及变得非常自指）的风险，试着阐明迂腐和精准之间的差异。我认为，这两者的不同之处就在于阐释。我认为迂腐是以精准为特征的，但是在阐明一种情形时，精准度超出了必要的范围。我们有足够的精准度来阐明事物，这就像在使用定义建立论证前，我们要先知道正确的定义一样。然而，当额外的精准度对我们没有帮助时，我们就称之为迂腐。

因此，从自指的角度来看，我对迂腐和精准的区分本身就是一个精准的例子，而不是迂腐的，因为我认为它阐明了情况。

当然，人们可能会对这两者间的分界线在哪里产生分歧。一个人的精准可能是另一个人的迂腐。这取决于某人对精准的追求程度，以及他们对模棱两可的容忍程度。

孩子在认知世界的过程中会遇到一个难点：如何处理语言的不确定性。他们更容易按照字面的意思待人接物，因为他们还没有学会使用情境来解释模棱两可之处，也没有培养出对细微差别的容忍（或者理解能力）。我的一个朋友讲述了一件趣事，她的小儿子正在吃一袋薯片，不一会儿小朋友说他吃饱了。我的朋友说："你可以把薯片放在桌子上。"于是，小朋友听话地把薯片全倒在了桌子上。

作为成年人，为了适应生活，我们培养出了更加轻松地应对比喻性语言的能力，以及更加轻松地应对事物所需精准程度的能力。例如，你在测量东西时需要怎样的精确度。当称量用于制作蛋糕的白糖时，我知道如果少称 10 克左右不会有太大问题。然而，当称量用于制作马卡龙的白糖时，我知道此时用量非常重要，所以我会利用电子秤来称取最接近标准用量的质量。如果有人在确定麻醉剂的剂量，以使某人处于全身麻醉状态，我格外希望他们能得到极为精确的结果。事实上，我有一次非常不安的经历，我需要在全身麻醉的状态下做一个膝盖手术。当麻醉师发现我是一名数学家时，她用非常欢快的口吻说：“哦，我的数学真糟糕！”当时，我一点儿也兴奋不起来。

我承认，我常常发现自己会比其他人追求更高的精准度，而且确实有人指责我迂腐。但是我坚信，我只是单纯地想让情况更明朗一些。事实上，在实际生活中，我也更倾向于光亮。我喜欢书桌上明亮的灯光，也喜欢明亮的阳光，因为我喜欢把事物看得更清晰一些。在思考过程中，我也喜欢这样。有时，我们需要花费更长的时间来进行更全面的思考，撰写更大篇幅的解释，完成更多基础工作，以实现事物的精准度，但在如今这个充满花言巧语、模因和“扔麦”的世界里，这项工作常常是不受欢迎的。事实证明，说出有影响力的话往往比说出真话更重要。但是，应该存在一种方式，让我们在表达真相的同时不会牺牲影响力，在具备影响力的时候又不会牺牲真实性。在我们这个充满未知、情感、美好人类的复杂世界里，使用逻辑就是最好的方式。

在我的想象中，有一束明亮的灯光正在照向我们试图理解的事物。如果我们把光源紧靠事物，光线就会很充足，但是照亮的区域很小。如果我们把光源移到更远的地方，就能照亮很大一片区域，但是光线会变得不那么明亮。最终，如果我们把光源放得太远，光线就会变得太分散，我们就看不到任何东西。但是，如果我们把光源恰好放在自己正在学习的事物上，那么我们同样无法看到太多东西。

逻辑和抽象就像照亮事物的光源。当我们变得更加抽象时，光源就像从地面上升起一样。我们会看到更广阔的背景，但细节不再那么明显；然而，理解广阔的背景可以帮助我们理解细节。在所有的情况下，我们的目标都应该是各种形式的阐释。首先我们需要光源，然后我们可以决定让光照向哪里，以及如何去照亮那个地方。

第二章

逻辑是什么？

巧克力使你快乐？

如果我吃巧克力，那么我会快乐。

如果我在提到一些不祥的东西后摸一摸木头，那么我会感觉好很多。

如果你乘飞机从芝加哥出发，在伦敦中转后飞往曼彻斯特，那么这会比你乘坐完全相同的航班只飞往伦敦，不再继续后面的行程还要便宜。

如果你在大街上扔下一些钱，那么某些人可能会捡走它们。

如果你是白人，那么你享有白人特权。

这些事都符合逻辑吗？

“如果”这个词看似无关痛痒，却包含了一系列略有差异的含义。其中一部分（并不是全部）囊括了逻辑论证最重要的结构单元——逻辑蕴涵。

逻辑论证是一种方法，它可以用来证明或者检验你是正确的。在生活中，很多方法都可以证明你是正确的。其中一种是大声喊叫；还有一种是告诉那些不同意你的想法的人，他们是愚蠢的。虽然这些不是说服别人的最好方法，但不幸的是，这些方法却是最常见的。

证明事物真假的科学方法包括仔细地收集证据，分析证据，然后完整地记录整个过程，我们只要按照相同的步骤去做，就能重现整个过程。重要的是，这样还能让我们发现自己的错误。

数学是科学的核心，但数学与科学有一点不同。数学使用的是逻辑，而不是证据。数学使用逻辑判断何时事物为真，同时还使用逻辑检测何时事物为假。我们可以这样概括：

> 逻辑之于数学正如证据之于科学。

也就是说，逻辑在数学中的作用类似于证据在科学中的作用，但是逻辑和证据是完全不同的。不同于证据，逻辑告诉我们什么时候事物必须为真，这不取决于因果关系和可能性，也不取决于观察结果，而是取决于某些内在的、永远不会改变的事物。

在本章中，我们将讨论建立逻辑论证的基本方法：运用逻辑蕴涵。逻辑蕴涵是你如何从一个真命题转移到另一个真命题。它并不会使更多事物变成真的，只是揭示出比我们之前见到的更多的真的事物。逻辑蕴涵表明，“如果”一个事物为真，运用逻辑后，“那么”另一个事物肯定为真。

情况变得复杂了，因为在日常生活中，有些情况下我们说的“如果……那么……”是不合乎逻辑的。我们这么说，可能是出于个人的喜好，比如“如果我吃了巧克力，那么我会快乐”；可能是想表达一种威胁，比如“如果你再说一遍，那么我就大叫了”；可能是出于一种哄骗，比如“如果你吃了自己的那份西蓝花，那么你就可以吃冰激凌”；可能是想做出一个承诺，比如“如果你信任我，那么我保证不会告诉别人”；也有可能是想达成一个协议，比如“如果你帮我遛狗，那么我会付你 20 英镑”。有些情况下，它可能体现了一种因果关系，而不是逻辑，比如“如果你把杯子弄掉，那么它会碎”；也可能体现了一种规则，比如“如果你超过 75 岁，那么你在通过机场的安检时不需要脱掉鞋子”；也可能体现了一种对行为准则的个人看法，比如“如果你爱我，那么你不会说那些话！”这句话的真实意思是“我个人认为这不是一个爱我的人该说的话。”还有一个问题是，我们在日常对话中常常用“意味着”来表达“暗示”的意思，比如“你这么说意味着我很愚蠢吗？”我们将在本章中探讨这些例子，并且思考这些例子与真正的逻辑蕴涵之间的差异。在正常生活中，这些差异有一些模糊，但是通过思考这些例子，我们可以试着找出这些差异。

正常生活中的实例

正常语言比数学语言更含糊。因此，在正常语言中，“如果……那么……”可以表示一些其他的含义，就像我们上一段中描述的那样。所以，一个句子中包含“如果……那么……”，不一定意味着这个句子中存在逻辑蕴涵。

正式的逻辑语言和非正式的现实世界语言之间存在差异，无论是在逻辑世界还是现实世界里，我们都经常遇见这些差异，它们是许多混乱的根源。正常语言主要用于交流，而逻辑语言可以消除歧义。二者之间并不是互相排斥的。我们想要尽可能地消除歧义，其实也是在试图更清晰地交流。但是，在使用正常语言进行交流时，我们还有语境、肢体语言、语调、人类认识等方面的帮助，而使用逻辑语言时就不具备这些事物的帮助，也不会产生困惑。因此，在逻辑语言中，“如果……那么……”只能表达一种含义，而在正常生活中，它的意思就取决于情境了。

虽然“如果……那么……”的用法不都是严格符合逻辑的，但也不都是严格不符合逻辑的——它们不与逻辑矛盾，但也不受逻辑支配。在英语中似乎缺少表达这两者之间的差异的方法，所以我们可能会说“非逻辑的（non-logical）”（即使这有点啰唆），或者“无逻辑的（alogical）”，类似于无政治意义的（apolitical）、无性别的（asexual）。我会一直强调一点：你可以是无逻辑的，但是不能不符合逻辑。因为无逻辑确实是不可避免的，并且在某些时候是有益的，甚至是至关重要的，但是不符合逻辑是不可取的。

有太多事物是不属于逻辑蕴涵的。那么，哪些算是符合逻辑的呢？

“如果你有白人特权，那么你有特权。”

这就是一个逻辑蕴涵，因为它来源于固有定义：白人特权是特权的一种特定形式。下面这个句子就存在更多争议了：

“如果你是白人，那么你有白人特权。”

如果我们承认白人特权的存在，那么我认为这句话是符合逻辑的。只不过，为了使它成立，我们可能需要更具体的背景：

“在欧洲或者美国，如果你是白人，那么你有白人特权。”

或者，我们可能需要让背景更笼统：

“在有白人特权的地方，如果你是白人，那么你有白人特权。”

你们可能认为最后一个解构变得毫无意义了，而你想做有意义的事。我们越接近纯粹的逻辑蕴涵，就越能看清逻辑蕴涵。这就是在逻辑论证里发现逻辑的目的——让逻辑更明显。

然而，虽然很多人认为最后那句话的意思是显而易见的，但是这句话仍有争议。有些人声称白人特权并没有惠及他们，只是惠及了较富裕的白人。这些人正在使用不同意义上的“白人特权”。在第六章关于关系的讨论中，我们将探究在哪种意义上，所有白人都有特权，而在哪种意义上，一些白人仍会因为其他原因缺乏特权。因为语言可以以多种不同的方式被使用，所以其本身就是有问题的。

我们如果继续使用正常的日常语言，就注定会有完全符合逻辑这样的困扰，因为我们使用的词语本身就不是完全从逻辑上来定义的。我们可以足够接近它，然后称其为逻辑之外的任何事物，但是在我看来这将是迂腐的，而不是精准的。现在，我们将尝试在一个不同的、有争议的论点中寻找逻辑蕴涵。

社会福利

一些人认为应该扩大社会福利，为弱势群体提供更多的帮助。另一些人认为应当缩减社会福利，以节省开支并且停止助长懒惰。这两种论点中都存在逻辑吗？逻辑更支持哪一种论点？

一种合乎逻辑的方法是把这两种论点抽象成两个实质——错误否定和错误肯定。这个案例中的错误否定就是那些应该得到帮助的人没有得到帮助；错误肯定是不应该得到帮助的人得到了帮助。于是，下面的蕴涵就变得合乎逻辑了：

- 如果你更关心错误否定而不是错误肯定，那么你就会支持扩大社会福利。
- 如果你更关心错误肯定而不是错误否定，那么你就会支持削减社会福利。

这是对论证的一种简化，但是在简化的过程中，我们更加明确了这些立场之间的差异。我们发现，更加关心错误否定的人不会轻易与更加关心错误肯定的人达成共识。在这种情况下，要想达成共识，关键是要改变某些人对核心原则的看法，而不是对其他部分的看法。

错误肯定和错误否定是造成许多分歧的核心。所以在这种情况下，抽象不仅能澄清论证，还能帮助我们与其他论证建立联系。

例如，生活中有一句励志名言："你不会因为做某事失败了而后悔，却会因为不敢尝试、一无所知而悔恨。"这句话是在鼓励我们做一些自己本不应该做的事情（错误肯定），不是在鼓励我们放弃自己应该做的事情（错误否定）。事实上，我更喜欢"我们放弃了自己应该做的事情，却做了自己不应该做的事情。"这句话既包含了错误否定，又包含了错误肯定。

这种抽象的方法还帮我解决了时差的问题：我发现，比起在完全清醒的时候睡觉（错误否定），我更擅长在困的时候保持清醒（错误肯定）。因此，对我来说，解决时差问题的良策就是让自己提前处于睡眠不足的状态。因为我知道，到达目的地后，我可以在必要的时候保持清醒，这样晚上会非常疲倦，我肯定能睡得着。然而，如果某些人不擅长这种错误肯定，那么他们最好先睡足觉，在到达目的地后他们可以睡得更多。这里的逻辑蕴涵如下所示：

- 如果比起在不困时入睡，你更擅长在困倦时保持清醒，那么你应该在跨越时区前减少你的睡眠。
- 如果比起在困倦时保持清醒，你更擅长在不困时入睡，那么你应该在跨越时区前睡足觉。

解决时差的问题和解决社会福利的争论居然有一些相同之处，这看起来可能令人惊奇，但这还只是抽象力量的一个方面。抽象能够将看似没有关联的情况联系起来，并更高效地发挥我们有限的思维能力。在第十一章关于公理的讨论中，我们将探究如何使用抽象来揭示更多个人的、根本的信念。

逻辑和发现

如果一个命题遵循纯粹的逻辑，那么这个命题自然为真。将这个命题大声说出来并不会增加新的信息，但是会增加新的见解。这就是为什么在平常语言中，逻辑论证常常听起来有点儿愚蠢，因为即刻产生的新见解往往是非常显而易见的。例如，“如果你有白人特权，那么你有特权。”句子中“你有特权”这部分是逻辑推论，那么它自然为真。这部分没有增加任何新信息，但是针对同一个事物提供了不同的观点。在这个案例中，新观点拓宽了不同类型的特权的背景。

通过这种方式，逻辑其实是将新的光芒照向了事物，而不是发现了新的事物。从某种程度上说，这与考古学家挖掘古代艺术品没什么区别。那些古物已经在那里了，只是需要人们挖掘才能重现天日。我们收获了新的见解，只是因为在此之前，我们有一点儿无知。如果我们挖出的是几百年前的陶罐或者几百年前建筑的地基，那么有可能某些人已经知道这些事物了，只不过他们已经去世很久了。

在国外度假时，有时你会在后街“发现”一间可爱的咖啡馆。当然，你并没有真的发现新事物——很多人（店长和所有去过咖啡馆的人）都已经知道这家咖啡馆了。但是对你来说，它却是新事物。有时，某些人认为他们“发现”了令人惊叹的新歌手，但事实证明这些歌手已经非常有名了，只是对于那些刚刚发现他们的人来说，他们并不出名，于是其他人在听到这种感叹时翻起了白眼。

逻辑推论并不是新的事实。比如，在白人认为他们“发现”了美洲新大陆之前，它已经在那儿了。无论人们是否注意到它，逻辑推论都是正确的。“如果你有白人特权，那么你有特权”这个推论是非常明显的，但是如果把一系列逻辑推论一个一个地串联起来，那么你渐渐会到达远离起点的某个地方，这时逻辑的力量就建立起来了。例如，我们可以将这些蕴涵串联起来：

（1）如果你是白人，那么你有白人特权。

（2）如果你有白人特权，那么你有特权。

我们现在有了这样的蕴涵："如果你是白人，那么你有特权。"

有时，启示是突然发生的，这就像你一铲又一铲地挖着土，突然就碰到宝藏一样。有时启示又是循序渐进发生的，有一个著名的案例——一个人用一枚回形针渐渐交换到了一幢别墅。

当一小步一小步累积时

凯尔·麦克唐纳是一位互联网传奇人物，他为自己设置了一项挑战——用一枚回形针交换一套房子。他不是一次性交换完成的，而是通过与很多人进行一系列的交换完成的，这些人在交换过程中并没有觉得遇到不公平交易。确实，凯尔·麦克唐纳在开始时使用的回形针是相当大的（而且是红色的），它不只是一个平凡无奇的标准办公用回形针。

这件事听起来完全让人难以相信，但是凯尔·麦克唐纳通过一系列交易确实达到了目的。每一次交易中，都有人觉得交易过程涉及的两件物品是等价的，是值得交易的。但是在这个过程中，凯尔·麦克唐纳距离最初的回形针已经越来越远了。

抛开这些交易已经发生的事实，最令我着迷的事情是为什么涉及这些交易的人们都觉得公平。当凯尔·麦克唐纳用雪球交换与爱丽丝·库珀共处一个下午时，他已经在网上拥有了一大批追随者，这场交易引起了一些恐慌。但也许他知道自己在做什么——难道他知道电影导演柯宾·伯恩森正在收集这些东西，所以他可以与导演好好进行一场交易？

最后一次交易发生了，因为吉卜林人决定让他们镇上的某个人参与电影的拍摄，所以在城镇里为麦克唐纳提供了一幢双层别墅。2006 年秋天，麦克唐纳和他的女朋友搬进了别墅。

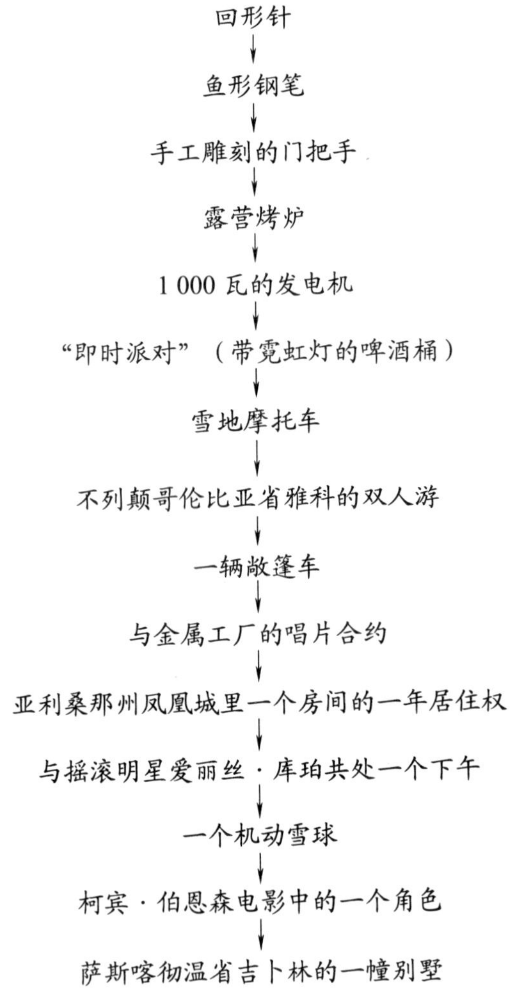

这个故事有很多吸引我的地方，特别是它让我想起了那个互联网还没有被辱骂和欺凌所笼罩的时代。但是我真正着迷的是这种视觉错觉的心理层面，在这里你前进的一小步并没有很让人惊奇，但是到达某个地方后，那里距离你开始的地方已经远得惊人了。这就是逻辑的运作。你走出的每一步都应该完全由逻辑驱动，这意味着这些步骤有可能仅仅是某些定义的拆解，这看起来似乎显而易见，甚至毫无意义。但是，当你成功地将它们串联在一起时，你将会到达一个看起来全新的、距离你的起点非常远的地方。凯尔·麦克唐纳的一系列交易是精湛而巧妙的，一长串的逻辑蕴涵也是精湛而巧妙的，它们体现了数学的进步。之后我还会证明，它们是强大的智者应该具备的基本技能。

建立一长串的逻辑蕴涵来到达某个新领域是逻辑证明的概念，也是数学中逻辑证明运作的方式。现实生活不是数学，但是，我们在现实生活中仍然应该以相似（并不是完全相同）的方式建立逻辑论证。论证中的每一步都应该是逻辑蕴涵。

一长串的逻辑蕴涵还有一个更严肃的例子，那就是查尔斯·杜希格在《习惯的力量》中描述的关于婴儿为什么会有先天缺陷的研究。研究表明，先天缺陷是由母亲体内营养不良造成的。但这并不仅仅指怀孕期间——它是指长期的营养不良。研究发现，长期营养不良是由营养不足造成的，而营养不足又是由在校期间科学教育不足造成的。教育不足是由教师不具备足够良好的科学背景造成的。由此产生了一个惊人的推论：如果教师有更高水平的科学成就，那么最终会减少婴儿的先天缺陷。顺便说一下，杜希格写道，领导这项研究的人是年轻的保罗·奥尼尔，他后来成为著名的首席执行官，之后成了美国财政部长。这就是一个在现实生活中巧妙建立一长串逻辑蕴涵的案例。

正式地蕴涵

虽然我们的目标是在现实生活中更好地使用逻辑蕴涵，但是我认为，更多地了解在数学中如何使用逻辑蕴涵也是很重要的。数学语言是枯燥而又正式的，这使它看起来既格格不入，又令人敬而远之。但是，它的枯燥是有极为充分的理由的——让事物变得清晰明了，不拖沓模糊。数学语言的枯燥还有助于让事物更加简洁，从而帮助我们建立更庞大、更复杂的论证。它就像真空袋，你先把衣服放进真空袋里，然后用吸尘器把袋子里的空气抽走。这样，一整堆衣服就压缩成了一个坚实的方块。

“如果……那么……”还有一个更简洁的说法就是“意味着”。所以，我们可以用“A 意味着 B”来代替“如果 A，那么 B”。数学家使用符号“$\Longrightarrow$”来表示“意味着”。那么上述蕴涵表明：只要 A 为真，B 就绝对为真。当 A 为假时，蕴涵就不会告诉我们任何信息了。

例如，“成为美国公民意味着你可以合法地在美国生活”，这句话表明任何一个美国公民都可以合法地在美国生活。但是，当某个人不是美国公民时，这个蕴涵并没有告诉我们任何关于他们的事情：这些人可能可以合法地在美国生活（比如，他们有签证或者永久居住权），或者他们可能不可以。不幸的是，有些人在这里失去了逻辑，他们认为任何一个非美国公民在美国生活都是非法的。我们将在下一章讲到这个严重的逻辑错误。

证明基本上就是将一系列蕴涵串联在一起，如下所示：

$$A \Longrightarrow B$$

$$B \Longrightarrow C$$

$$C \Longrightarrow D$$

然后，我们可以得出 $A \Longrightarrow D$。这是因为，在第一个蕴涵中，如果 A 为真，那么 B 也为真；在第二个蕴涵中，如果 B 为真，那么 C 也为真；

最终，在第三个蕴涵中，如果 C 为真，那么 D 也为真。因此，整体的连锁效应就是，如果 A 为真，那么（经过一些思考）D 也为真。

这里的关键之处就是“经过一些思考”——比起单个蕴涵，一连串的蕴涵需要在遵循逻辑的过程中保持更高的关注度和控制力。遗憾的是，这些也是论证中常常会缺失的部分。

这里有一些更长的蕴涵链，它们要遵循的不仅仅是一个基本的逻辑指令：

（1）如果你说女性是低人一等的，那么你是在侮辱女性。

（2）如果你认为用“女性化”形容一个男人是侮辱他的方式，那么你是在说女性是低人一等的。

（3）因此，如果你认为用“女性化”形容一个男人是侮辱他的方式，那么你是在侮辱女性。

还有一个例子：

（1）如果你不支持那些受打压的少数民族，那么你就是在助长偏执。

（2）如果你助长偏执，那么你就和偏执狂串通一气。

（3）如果你和某些坏人串通一气，那么你就跟他们一样坏。

（4）因此，如果你不支持那些受打压的少数民族，那么你就和偏执狂一样坏。

值得注意的是，如果你不支持那些受打压的少数民族，那么上述推断就是正确的，但无论你是否支持少数民族，上述蕴涵都是正确的。我可能不知道你是少数民族的忠实盟友，所以我可能会对你说，“如果你不支持那些受打压的少数民族，那么你自己就和偏执狂一样坏”。即使你个人实际上并不是偏执狂，我这个命题仍然是真命题。这就是蕴涵的奇妙之处。无论实际上你是不是美国公民，或者无论你是否拥有永久居住权，命题“如果你是一个美国公民或者你拥有永久居住权，那么你需要有健康保险”都为真。蕴涵并没有告诉我们某些人是否需要健康保险，我们只知道如果他们是公民或者他们拥有居住权，那么他们肯定有健康保险。

我们可以从逻辑蕴涵中建立庞大的论证，而且论证仍然具有这样的特征：只有在满足开放性条件时，推断出的命题才会被认定为真命题。但是，论证本身已经告诉我们，如果满足了开放性条件，那么推断出的命题是真命题，而且这个论证也往往是正确的。在数学中，这种类型的推理就是证明。

我将更进一步证明，把长串的蕴涵串联在一起会赋予我们逻辑的力量。正是它使我们像凯尔·麦克唐纳一样，从显而易见的事情开始，努力去做一些复杂而又不明显的事情。构建和遵循如此复杂的论证是很困难的，但它能充分利用我们人类大脑的关键部分。我相信，正是这一点将我们与单纯的动物和幼小的孩子区分开，而他们只能处理眼前的需要，完成直接的观察。长串的蕴涵常常需要将许多相互关联的观点压缩成一个简单的单元，这样我们就可以更容易地在它上面构建论证了，就像对我们的衣服进行真空包装一样。在这个过程中，我们获得了新的领悟和更深的理解。

证明是什么样子的？

在进行数学证明之前，我们必须非常仔细地奠定基础，这就像为一项运动制订规则一样。这么做的原因有很多方面，我认为思考这些问题是具有启发性的。现实生活中，许多论证最终都走向了错误，不是因为论证本身有问题，而是因为论证的基础有问题。在现实生活中，我们常常在论证的最后阶段才意识到，我们使用了不同的定义或者假设。

（1）我们应该仔细定义我们所讨论的概念。

（2）我们应该仔细表述我们所做出的假设。

（3）我们应该以一种明确的方式仔细地、精确地表述我们所要证明的内容。

数学中的假设与生活中的假设有一点儿不同。在数学中，假设与我们决定工作的条件有关，或者与使结论成立的条件有关。所以，我们在运用结论时，首先应该检查我们将要运用结论的情境是否满足这些条件。

例如，我们可以假设自己生活在一个球体的表面，然后证明在这个条件下，某些事物是正确的。关于我们是否真的生活在一个球体的表面，这里并没有传达任何判断。它只是说，如果我们确实生活在一个球体的表面，那么这件事是正确的。

在生活中，人们也应该按照相似的方式运用假设。但不幸的是，人们往往不这么做。例如，在关于女性的平均收入为什么比男性低的争论中，有时人们会假设女性并不像男性那么在意收入的多少。现在，在这个假设下，女性的收入比男性少似乎是合理的结果。当我们把这个结论运用到现实世界中的时候，我们需要观察这个假设是否正确：女性真的没有男性那么在意收入的多少吗？

请注意，我认为这个蕴涵并不是正确的：即使女性真的不像男性那么在意收入，我也认为在相同的职位上支付女性较少的工资是不合理的。

我认为这是剥削。在任何情况下，如果我们清楚自己的假设是什么，那么我们至少可以清楚地知道自己赞同争论的哪个方面，或者反对争论的哪个方面。

一旦我们奠定了基础，一系列的命题就会组成真正的证明，其中每一个命题都从逻辑上遵循了我们已经证实的事物。这个事物可能是关于我们所处世界已知真相的假设，也可能是证明中的前一个命题。这一系列命题创造了一个有始有终的逻辑链，起点是我们做出的假设，终点是我们想要证明的东西。当然，有时这个逻辑链会崩溃，特别是在正常生活中，这就是为什么世上糟糕的论证会多于精彩的论证。这些失败大体上分为知识的问题和逻辑的问题。

知识的问题

如果一场论证因为知识的问题而崩溃，那么它可能遇到了以下情况中的一种：

- 使用了未阐明的假设，或者错误地使用了已经阐明的假设。
- 使用了错误的定义，或者错误地使用了定义。

使用一个未经阐明的假设，是掩盖你不知道某个事物的一种方式。使用一个错误的定义或者错误地使用定义，是使一场论证变得比原先更容易的一种方式，但是这会导致大量的稻草人谬误和错误的等价论证。

这些数学证明中出错的方式往往也是现实生活中论证出错的方式。

未阐明的假设常常出现在关于福利的争论中，此时一些人心照不宣地假设，只有人们太懒惰而不努力工作时，他们才会贫穷；或者出现在关于堕胎的争论中，此时一些人会假设，只有人们生活不检点时，才会发生意外怀孕；又或者出现在关于临床抑郁症的争论中，此时一些人会假设抑郁症是由境遇引起的，因此一个成功人士应该是没有任何理由抑郁的。

错误定义的问题常常出现在关于移民的争论中，此时有些人会把“移民”定义为“非法移民”。在正常生活中，这种问题时常发生，因为有些事物没有明确的定义。这种情况经常在发生在以下争论中：某些行为是不是“爱国的”；某件事是不是“性别歧视的”；某些人是不是“女权主义者”；某些事是不是“民主的”。

逻辑的问题

在证明中，逻辑的问题包括以下几种：

- 逻辑裂缝：不经验证就从一个命题跳到下一个命题，或者两个命题之间遗漏了太多步骤。
- 错误推论：这是指推导出的逻辑步骤实际上不正确的时候，根据这个步骤你认为某个事物在逻辑上符合另一个事物，但它其实是不符合的。
- 手舞足蹈：结论并不是通过真的使用逻辑，而是充分运用象征性的肢体动作得出的，这让别人误以为你使用了逻辑。

- 错误逻辑：错误的逻辑可以通过很多微妙的方法“溜”进论证，成为逻辑谬误。在本书的后半部分，我们将从细节上分析一些著名的逻辑谬误。

在现实生活的争论中，吼叫和辱骂常常成为手舞足蹈的有力支撑。例如，“任何人只要有半个脑细胞，就应该理解这件事！”这种言论往往就是一个信号——某个人实际上不知道该如何证明某件事了。

“科学家之间彼此认同，这表明存在一个阴谋”，这个观点就是一个错误推论的例子。就像先前我举的温布尔登网球锦标赛结果的反例，这里的推论（存在一个阴谋）并没有在逻辑上遵循人们彼此认同的事实。

人们因为某件事指责一个人，而忽略所有其他的因素，这就是一个逻辑裂缝的例子。我们来考虑一种被称为“狼来了”悲剧的情况：警方接到一个恶作剧电话，于是冲进一个无辜者的家里，并枪毙了他们。警察如果经常把所有的责任都归咎于恶作剧者，就会忽略一个事实，那就是他们在掌握极少的证据或理由的情况下，射杀了一个无辜的人。

你只有充分理解了逻辑，理解了逻辑错误背后的情感因素，才能直接驳斥那些使用错误逻辑的论点。在本书的最后部分，我们将回到这一点上。

蕴涵从哪里开始？

霍金在《时间简史》中提到了一个故事：在一场宇宙论的报告后，

一名听众走到“知名科学家”面前，声称“你告诉我们的都是垃圾。世界其实就是背在一只巨大的海龟背上的平板”。科学家问：“那海龟站在什么上面呢？”随之观众推测说：“你非常聪明，年轻人，非常聪明，但是海龟下面还是海龟！”

即使我们不是使用海龟，而是使用逻辑来支撑自己的论证，我们仍然需要知道是什么在支撑我们每一个层级的论证。重要的是，逻辑蕴涵只能帮助我们从某个事物推断到另一个事物。“X 意味着 Y”只能告诉我们，如果 X 为真，那么 Y 为真。它并没有告诉我们 X 是否为真。为了清楚 X 是否为真，我们需要再找到一个事物推断出 X，也许 W 意味着 X。但是，什么能告诉我们 W 为真呢？也许 V 意味着 W。然而，什么意味着 V 呢？这些蕴涵的起点在哪里呢？

正如我提到的，我认为这种倒推的过程很像小孩子一遍又一遍地问“为什么”。每次你给了他们一个答案，他们又会对此进一步追问“为什么”。孩子们显然有无穷的好奇心和无限的耐心来一遍又一遍地重复相同的事。所以，在成年人感到挫败并且终止这场对话之前，小朋友会一直问“为什么”。在抽象数学领域开展自己的研究之前，我本人在科学和数学的道路上也始终坚持着刨根问底的精神，因为我一直会问“为什么”。实用主义和世俗责任导致成年人（至少是大部分成年人）不再询问为什么。他们接受某些事物，然后平凡度日。我乐于认为还是有无穷的好奇心藏在我们的内心之中的，这就是为什么维基百科那么受欢迎，也是为什么我们那么多人轻易地掉进了维基百科的虫洞里。你会不停点击更多的链接，阅读更多的文章，了解更多的事物，大家对此都心知肚明。（对于猫视频虫洞，我确实也做出了自己的那部分贡献。）

我们在哪里停止?

知道我们从哪里开始是很重要的。但是从某种程度上说，这取决于知道我们什么时候该停止。也就是说，知道我们什么时候该停止追问“为什么”，什么时候该停止更进一步地为自己辩解。我们应该在什么时候停止填补逻辑裂缝呢？最终，我们关闭了维基百科的页面，开始做其他事。最终，我们告诉那些好奇的孩子，他们该去睡觉了，或者该去上学了。如果我想象出了一个成年人，他没有培养出停止追问“为什么”的能力，就这么过着日常的生活；或者我想象出了一个饱受折磨的哲学家，他不吃饭，不睡觉，也不赚钱，只是不停地质疑所有事物，追求各种意义。那么，我存在吗？生活的意义是什么？我们为什么在这里？为什么世界上有那么多苦难？什么是爱？为什么人们彼此怨恨？为什么人类彼此伤害？作为一个适可而止的成年人，我们应该在某个时刻——不一定是永远的停止，但至少在每天的某个时刻——停止询问这些问题。

在逻辑中，我们也必须在某些点停止提问，同时接受一些事实，否则我们就永远不会有结果。我们可以推断出 Y 由 X 蕴涵，X 由 W 蕴涵，W 由 V 蕴涵，以此类推，但是在某一点，我们需要停止倒推，并且意识到现在我们已经解释得足够多了。你停止进一步倒推的地方，就是你确定基本假设或者基本观念的地方，无论是对于假设还是观念，此时你都不需要再做论证了。但这并不意味着你永远不再尝试论证，或者也没有其他人再去尝试论证。只是在当下，你决定这里就是自己的起点，这里就是你逻辑体系或者观念体系的基础。

在逻辑和数学中，这些起点被称为公理，我们将在第十一章进一步讨论它们。在逻辑中，我们需要一个起点，因为我们只能从一些事物推断出另一些事物——我们不能凭空推断出什么。我们不是魔术师，而且即使是魔术师也不是真的能凭空创造出某些东西，他们只是成功地骗过了我们。如果逻辑学家声称他能凭空推断出某些事物，那么他们也是在欺骗我们。

在我自己的观念体系中，寻找公理或寻找起点，能够使我对自己的思想有更清晰的了解，具备确定基本观念的能力。而这一点有些人是无法做到的。例如，当涉及偏见的时候，我从根本上认为，拥有较多权力的一方对拥有较少权力的一方持有偏见比相反的情况更有害。这意味着，如果我在追溯其他人的公理时发现它与我的公理是不同的，那么接下来我就会清楚地知道，我们的分歧从一开始就出现了。如果不解决这个起点上的分歧，仅仅尝试处理之后的蕴涵，那将是毫无意义的。但至关重要的是，从不同的基本观念出发，在严格地、完美地运用逻辑之后，我可能会得出不同的结论。也就是说，即使两个人都遵循逻辑，他们也会对某些事物产生分歧。

找出论证中的基本出发点是从逻辑上分析论证的重要组成部分，也是理解分歧本质的重要组成部分。逻辑必须从这个出发点出发。在下一章，我们将讨论逻辑流的方向性。和时间一样，逻辑是有方向的，而且我们不能试图违背它。

第三章

•

逻辑的方向性

•

快乐会让你吃巧克力吗?

吃巧克力能立刻让我感到快乐。虽然它必须是好巧克力，但是它每次都能奏效。

难道是快乐让我吃巧克力的吗？这是一个完全不同的问题。

我们来关注一个更严肃的例子：成为美国公民意味着你可以合法地在美国生活。你可以合法地在美国生活，就一定意味着你是美国公民吗？这是一个完全不同的问题。有些人错误地认为，成为公民是合法居住的唯一途径。但其实有许多其他的方式，包括拥有工作签证，拥有永久居住权，或者作为难民被接纳。

时间和因果关系只能向一个方向流动，逻辑也是如此。我们必须小心，不要犯方向上的错误。在上一章，我们描述了凯尔・麦克唐纳完成的交易链，从一个回形针开始，以一幢别墅结束。我常常在想，这个交易链可逆吗？如果他改变了主意，比如说关于雪球的交易，那么最初的主人是否会把它换回来呢？我也不知道。

在前一章的例子中，我认为，如果你不支持那些饱受欺凌的少数民族，那么你和顽固的偏执狂一样糟糕。如果我们把这个观点反过来呢？你和顽固的偏执狂一样糟糕，是否意味着你不会支持那些饱受欺凌的少数民族？不是这样的。即使你确实支持那些饱受欺凌的少数民族，并且认为这种支持可以为自己开脱，你仍然会有许多和偏执狂“一样糟糕”的方式。也许你在公开场合支持少数民族，然后私下里阻止他们晋升或者加薪，或者拒绝给他们提供工作机会，或者拒绝投票给他们。

我们有这样一个蕴涵：

不支持受到欺凌的少数民族⟹和偏执狂一样糟糕

但是，我们不能调转箭头，让它变成：

和偏执狂一样糟糕⟹不支持受到欺凌的少数民族

蕴涵符号“⟹”看起来像箭头这一事实并不是巧合。选择这个符号有助于我们了解逻辑只能向一个方向流动。调转箭头可能会彻底改变意义。以上一章的特权逻辑为例，最初形式为：

你有白人特权⟹你有特权

如果我们调转箭头的方向，那么它就变成了

你有特权⟹你有白人特权

这明显是错误的。因为即使不是白人，你也可能拥有许多其他类型的特权。例如生于一个富裕的家庭或者有权势的家庭为你带来的特权。

再来看看下面的蕴涵：

你是女人⟹你经历过性别歧视

这是日常性别歧视项目的假设：每个女人都经历过性别歧视，即使这种歧视不是公开的。性别歧视可能会采取微侵略的形式，我们本应该摒除它们，但也许我们已经对其习以为常了，甚至不再意识到它了。可悲的是，我们把性别歧视视为生活的一部分并不意味着性别歧视不存在。相反，这意味它无处不在。

现在，我们尝试将蕴涵中的箭头调转：

你经历过性别歧视⟹你是女人

这是一个完全不同的命题，但不幸的是，人们往往会把它与第一个命题混为一谈。如果你说“所有女人都经历过性别歧视”，那么很可能有人（通常是男人）会抗议说男人也经历过性别歧视。这可能是真命题，也可能是假命题。但无论在哪种情况下，这与第一个命题都没有逻辑上的联系。第一个命题表明，如果你是一个女人，那么你经历过性别歧视；但如果你是一个男人，那么它不会表明任何事情。[①]

①男性是否经历性别歧视这个问题要归结为性别歧视的定义。根据一些偏见理论，性别歧视和种族主义只适用于一些情况，即符合更大规格的体系性压迫的情况。这个理念表明，被压迫者受到压迫者的歧视，与施压者作为掌控方，受到被压迫者的歧视是不一样的。无论我们是否同意这些定义，我认为，注意被压迫者和施压者之间的差异是非常重要的。我们将在第十三章关于类比的讨论中再回归到这一点。利用这些抽象术语来思考问题，我们能够很清楚地看到事物之间的一些不同；为事物命名也有助于我们思考。

这些例子全都表明，在蕴含表述中，调转箭头方向会产生一个全新的、值得我们思考的命题。我们把这种通过调转箭头得到的命题称为原始命题的逆命题。

关于西蓝花和冰激凌

我最喜欢的一个关于蕴涵和逆转的例子是：如果你吃了自己的西蓝花，那么你就可以吃冰激凌。首先我承认，在日常生活中这句话可能会让人产生一些疑惑，这就是为什么数学家更喜欢使用字母和符号来保持事物清晰的原因。但是现在，我们要尝试使用词语。

如果真的不想吃西蓝花，那么一个遵循逻辑和字面意思的小朋友可能会开始询问："还有什么其他的食物，我吃了之后就可以吃冰激凌呢？"此时，他们的精准对于成年人来说就是迂腐，大人们可能会生气地说："你知道我的意思！"但是，孩子们只是追求准确性，并且试图找出一个漏洞来避免吃西蓝花。（我不是那种小朋友，我一直很喜爱西蓝花。也许是因为大人们从不用它来威胁我，或者是因为我喜欢它，所以大人们从不用它当作威胁。）

小朋友可能会说："如果我用吃些鱼来代替呢？"等待他的答案可能会是"不可以，你必须吃西蓝花！"或者是"不可以，你只有吃掉西蓝花才能得到冰激凌！"这些都是逆转的例子，但是西蓝花的例子比较难看出来逆转。因为实际上这并不是逻辑蕴涵，更多的是一场贿赂。

家长在这里做出了两个命题。首先，他们说：

如果你吃掉自己的西蓝花，那么你就可以吃冰激凌。

（西蓝花⟹冰激凌）

家长向孩子保证，吃完西蓝花就会有冰激凌。也就是说，孩子如果吃完了西蓝花，就足以赢得冰激凌。

然后家长继续说：

你只有吃完西蓝花才能吃冰激凌。

（冰激凌⟹西蓝花）

这就向家长保证了孩子不能通过其他方式赢得冰激凌。也就是说，西蓝花是赢得冰激凌的必要条件，没有其他的途径。这就是第一个命题的逆命题。（如果觉得这个箭头的方向看起来很奇怪，那么你可以认为这个命题是说，如果我们最终看见孩子在吃冰激凌，那么我们可以从逻辑上推断他们一定已经吃完了自己的西蓝花。）

所有这一切都是为了解释，为什么“只有”是“如果”的一种逆向表达方式——逻辑正在流向相反的方向。为了同时确保对孩子的保证和对家长的保证，这个承诺需要在技术上表达成“当且仅当你吃了西蓝花，你可以吃冰激凌”。麻烦的是，也许只有相当迂腐的数学家才会说得这么烦琐。所以，我们慢慢形成了一个模糊的感觉，即“只有”和“当且仅当”意味着相同的意思。在正常语言中，区分这两者可能是迂腐的，因为它超出了解释的目的。但问题在于，对于那些开始用逻辑正式思考的人来说，不区分“只有”和“当且仅当”会给他们带来混乱。在更严肃的情况下，这可能会导致更严重的后果。

想象一下，如果你正在追捕一群银行抢劫犯，你知道犯罪团伙中的所有人都是白人。因此，你清楚：

如果你遇到的某个人是犯罪团伙中的成员，那么他是一个白人。

这相当于：

你遇到的某个人，只有在他是白人的时候，才会出现在那个团伙中。

因此，我们可以从寻找白人开始。但是，找到一个白人并不能确保我们已经找到了罪犯，因为逆命题是错误的。逆命题是这样的：

如果你遇到的某个人是白人，那么他是犯罪团伙中的成员。

“是白人”是“犯罪团伙成员”的必要条件，而不是充分条件。[①]

在正常语言中，所有这一切都很可能让你感到困惑和头晕眼花，这也是数学家将事物缩减成字母和符号的原因，因为这样更容易看出模型。我们用箭头表示如下：

- 真命题：犯罪团伙成员⟹白人
- 假命题：白人⟹犯罪团伙成员

①如果你知道这个团伙有 5 个人，而且准确地知道在发生抢劫的国家只有 5 个白人，那么这种寻找白人的方法就是有意义的。如果你准确地知道该国有 10 个白人，那么这种方法也是可行的，因为如果你凑齐了这 10 个人中的 5 个人，那么你将有很大的概率抓到真正的罪犯。随着该国白人人口的增长，这种方法逐渐变得不像逻辑上的方法，更像种族主义的方法。实际上，这种分析很可能是针对非白人的，而不是针对白人的。当该国（或者城市）的少数民族人口增加到多少时，这种方法会从可行方案变成种族歧视呢？这是灰色地带的问题，我们将在第十二章讨论这一点。我们必须非常小心，这种渐进的论证并不会为我们提供关于偏见的逻辑辩解。

在下一章中我们将解决谬误的问题。

用箭头来帮助我们

数学符号是造成数学难于理解和难以学习的事物之一。然而，使用符号有助于我们清晰地思考。蕴涵和逆转都证实了这一点。在日常语言中，由于语法的灵活性，我们如果把词语“如果”放在句中的不同位置，就会让人产生疑惑。例如：

> 你可以吃冰激凌，如果你吃了西蓝花。

它在逻辑上等同于：

> 如果你吃了西蓝花，你就可以吃冰激凌。

一般来说，我们看见“如果 A 是正确的，那么 B 是正确的”，会认为这句话相当于“B 是正确的，如果 A 是正确的”。这看起来像是我们调转了逻辑的流向，但实际上，我们只是调整了语序而已。

使用箭头符号的优点之一是，通过箭头的方向，我们完全可以弄清楚逻辑的流向。

$$A \Longrightarrow B$$

逆转后变为

$$B \Longrightarrow A$$

而且

$$A \Longrightarrow B$$

相当于

$$B \Longleftarrow A$$

在页面中，箭头的画法并不重要，重要的是它从谁指向谁。事实上，即使我们把箭头画成下图这样，它在逻辑上的含义也与在 $B \Longleftarrow A$ 中相同（虽然其中可能有一丝可疑的情绪）：

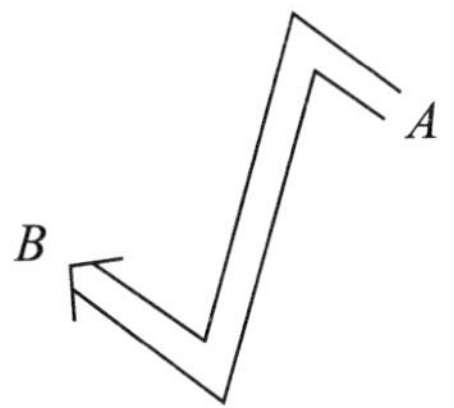

于是，我们得到这些可能性：

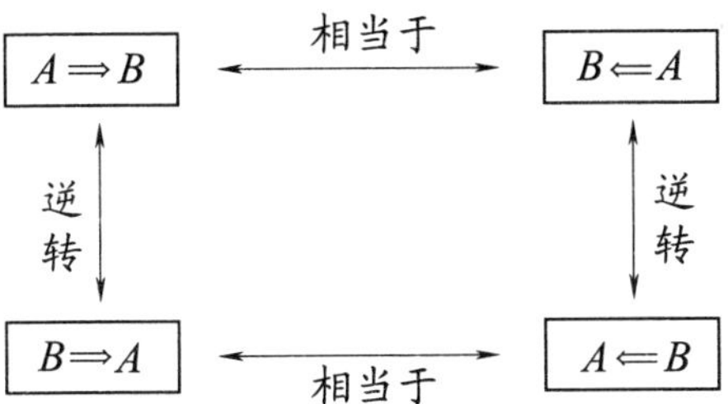

如果我们再使用一次“如果……那么……”，那么“如果 A，那么 B”的逆命题就是“如果 B，那么 A”。

新命题表面上看与旧命题是非常相似的，但是在逻辑上两者是完全不同的。

用维恩图来帮助我们

维恩图能帮助我们描绘逻辑的某些方面。在做数学研究时，我发现图片是非常重要的。我经常看起来像是在凝视某个地方，但我真正做的是在脑海中操纵图片。数学从抽象中获取力量，也就是说，它是远离于真实世界中我们能接触到的物体和事情的。麻烦的是，这意味着我们很难感受到它。用图片描绘你正在思考的事物的某些方面，将是非常有用的方法之一。图片就像类比（向元类比致歉）——它们虽然无法完全呈现你思考的事物，但是总结了其中一些重要的方面。图片有助于我们在枯燥的逻辑和自身的感受之间切换。特里斯坦·尼达姆在他的著作《复分析：可视化方法》中说道：

> 虽然，比起做运算，找到一张图片需要花费更多的想象力和努力，但是这一切都是值得的，图片会将你带到更接近真相的地方。

“我觉得这有点儿言过其实。”那些比起图片更喜欢符号和单词的人说道。但是，我发现图片真的对我很有帮助。维恩图对于基础的情形非常有用。在第五章中我们将看到，当事物变得确实很复杂时，流程图会更胜一筹，因为它们具有更多的可能性。如果你拥有的集合数量超过三个，那么维恩图就不太起作用了，因为它们变得过于琐碎，我们已经无法看清楚了。

在第一个例子中，维恩图将帮助我们观察蕴涵的方向性。

让我们来考虑这个逻辑蕴涵：

如果你来自英格兰，那么你来自英国（大不列颠及北爱尔兰联合王国）。我们可以抽象地把英格兰画在英国里，如下图所示：

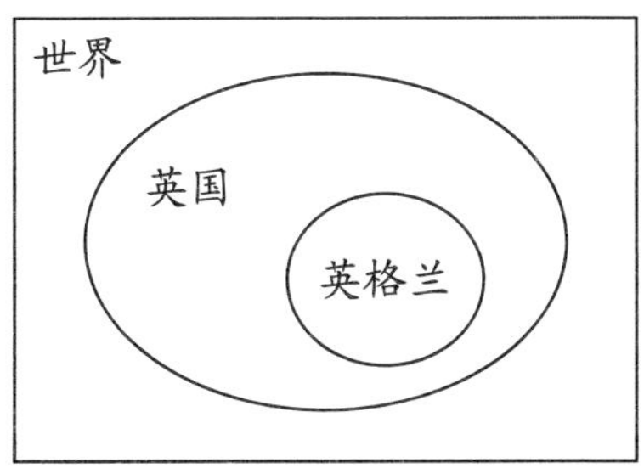

当我说我来自英格兰时，这听起来很明确，但是有些人会觉得不舒服，因为我“看起来不英国”。但是他们并不介意我说我来自英国。在逻辑上他们肯定认为，我来自维恩图中英格兰之外、英国以内的某个地方。然而，我并不来自苏格兰、威尔士或者北爱尔兰。①

我们可以为任何一个蕴涵的命题画出这样一幅图，即使它不是关于地理的，也不是描述物理位置的。例如：

如果你有白人特权，那么你有特权。

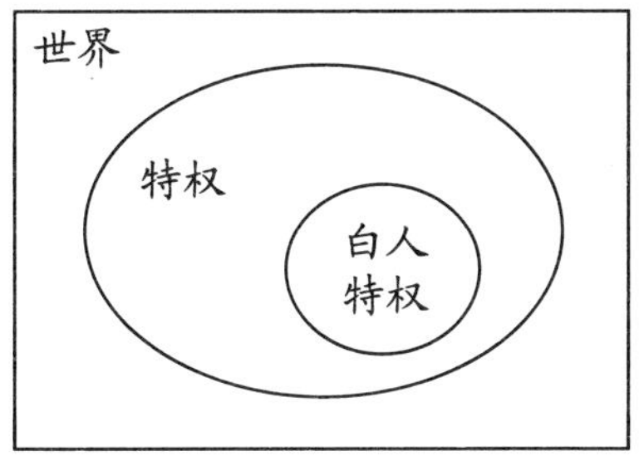

①我最近发现，从技术上讲，上述这些图表不应该被称为“维恩图”，而应该被称为“欧拉图”。一个图要想成为维恩图，它应该明确呈现出问题中可能出现的所有的逻辑组合。上述示意图没有达到这个标准，因为一个圆圈完全包含另一个圆圈，因此，不存在这样一个区域——你处于小圆圈中，而又不在大圆圈中。当然，这是那种特定示意图的所有要点。我个人认为，维恩图和欧拉图之间的差异更像是迂腐，而不是精准。因此，我还是会把这种情况称为维恩图，尤其是因为这个术语更加广为人知。

如果你是一个美国公民，那么你可以合法地在美国生活。

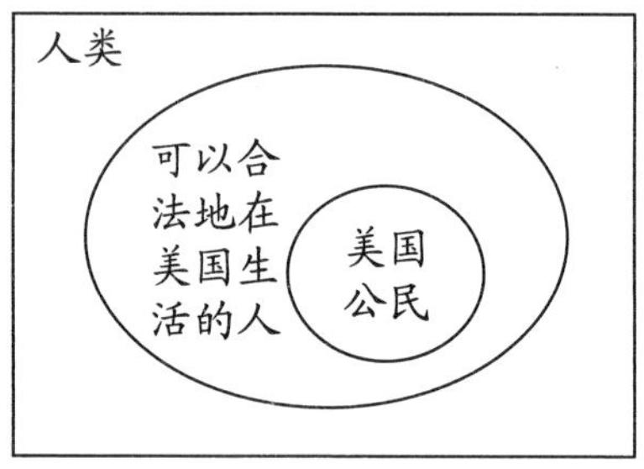

通常情况下，我们可以这么表示：

$$A \Longrightarrow B$$

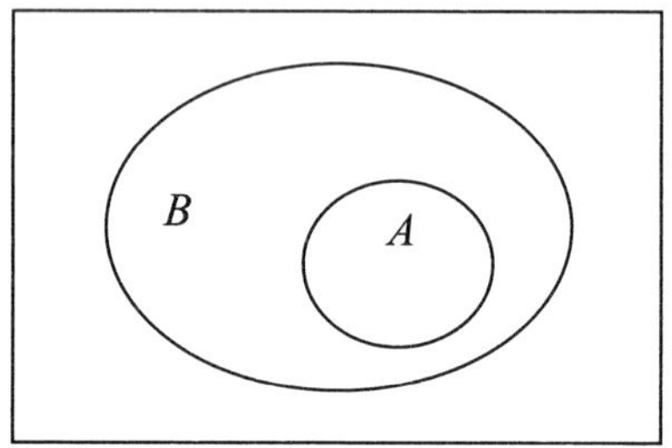

现在，这些圆圈呈现的事物更笼统了，所以它现在更像一个示意图，而不是一个严谨的图表。但是对我来说，这个图已经捕捉到了这样一个想法：A 无论如何都无法避免成为 B 的一部分。

维恩图还能直观地表明蕴涵是不能自动倒退的，因为内部的圆圈和外部的圆圈实际上扮演了不同的角色。A 无法避免成为 B 的一部分，但是 B 可以避免成为 A 的一部分，因为在 A 的外面还有许多空间来承载 B。这与逻辑事实相符合——即使 A 能推断出 B，当 A 为假时，B 仍然有可能为真。下图的内容在数学上是正确的，但是具有误导性。

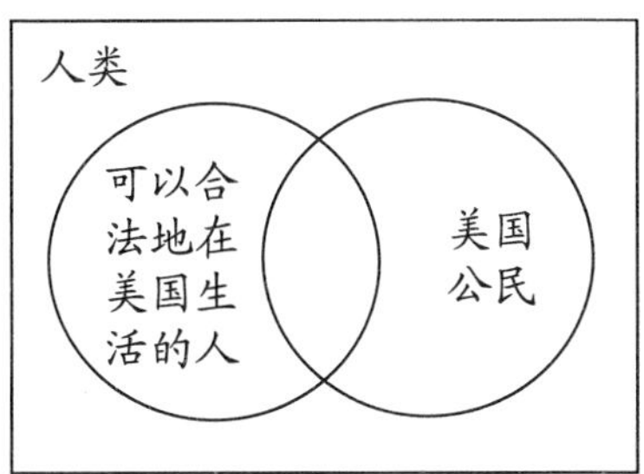

因为这个图看起来存在一种可能，即可以成为一名美国公民，却不可以合法地在美国生活；还存在一种可能，即不必成为美国公民，却能合法地在美国生活。事实上，现实中的情况不是如此对称的——右边区域是空白的。逻辑蕴涵并不是对称的。

既奇妙又灵活得令人困惑的语言

我们已经看到，人们可以用许多不同的方式来表达相同的逻辑蕴涵。这里有一套完整的不同表达方式的

$$A \Longrightarrow B$$

包括把 A 放在句首的说法，以及与之对应的把 B 放在句首的说法。

- A 蕴涵 B。

  B 由 A 蕴涵。

- 如果 A，那么 B。

  B，如果 A。

- A 是 B 的充分条件。
  B 是 A 的必要条件。

- A 为真，当且仅当 B 为真时。
  只有当 B 为真时，A 才为真。

这 8 个命题全都表达了相同的意思，我认为这是难以置信的，我甚至预计有人会写信告诉我我错了（因此，我非常仔细地检查了这 8 句话，以防有什么拼写错误）。我觉得最后一组是最让人困惑的。这里就有一个悲哀的例子。

在最近一场骇人听闻的事件中，仪表盘摄像机拍摄到一位来自佐治亚州科布县的警察，他在安慰一名惊慌失措的白人女性时说道："我们只对黑人开枪。"这在逻辑上等同于说：

我们对你开枪，当且仅当你是黑人时。

这相当于

只有当你是黑人时，我们才会对你开枪。

或者可以用箭头的形式来表示：

你是黑人⟸我们对你开枪

这相当于

我们对你开枪⟹你是黑人

或者这么说：

如果我们对你开枪，那么你一定是黑人。

这就是当听说某人在美国的路检中被枪击时，你可能会相当确定他是黑人的原因。[①]

这是我更喜欢使用符号的原因之一：它对我来说更快、更清晰，而且所有这 8 个说法都是相同的，我不必使用珍贵的脑细胞来思考这句话的意思是什么。

逆转错误

有些人错误地认为命题的逆转相当于命题本身，这时就会出现逆转错误。在某种程度上，出现这种错误是可以理解的，毕竟“A 蕴涵 B”就有 8 种表达方式，此外还有 8 种逆向表达的方式。当你告诉学生，为了取得好成绩，他们必须努力学习时，他们认为只要努力学习，就会取得好成绩。这时逆转错误就出现了。努力学习是取得好成绩的必要条件，而非充分条件。努力学习是不充分的，因为你还必须使用正确的方法。如果你不这么想，你就犯了逆转错误。

①请注意，这些命题在逻辑上等价并不意味着它们是真命题，当然也不意味着它们在道德上是合理的。这只意味着它们在逻辑上表达相同的意思。白人也会被警察枪杀，包括在路检中。是否黑人遭到了不成比例的枪杀？这是不是由种族歧视造成的？这些问题都是不同的问题，而且是更加复杂的问题。

事实上，一个命题的逆转在逻辑上是独立于原命题的，这意味着两者之间是没有逻辑联系的。也就是说，它们中的一个为真，并不一定意味着另一个也为真，也不一定意味着另一个为假。事实上，所有真命题和假命题的组合都可能出现，如下面的例子所示：

1. 如果你是美国公民，那么你可以合法地在美国生活。这是一个真命题。逆转后变成“如果你可以合法地在美国生活，那么你是美国公民”。这个命题就是假命题。因为你还可以通过获得永久居住权和拥有签证合法地在美国生活。

2. 如果你有大学学位，那么你是有才华的。我不相信这是真命题。我认为，许多学位授予了不那么有才华的人，及格线是非常低的。这个表述的逆命题为“如果你是有才华的，那么你会有大学学位”。这同样也不是真命题——我认为，许多有才华的人是没有大学学位的，特别是在过去那个年代，上大学并不是人生中必须经历的过程。

3. 如果你遭遇过偏见，那么你是一名女性。这不是真命题，男性和非二元性别的人也会遭遇偏见，而且非二元性别的人确实会遭遇这种情况。这个命题的逆命题为“如果你是女性，那么你遭遇过偏见”，无论你是否承认或者对此抱怨过，我认为这都是真命题。

4. 如果你支持奥巴马医改，那么你支持美国平价医疗法案。这是真命题，因为奥巴马医改只不过是美国平价医疗法案的非正式名称。这意味着该命题的逆命题也是真命题，“如果你支持美国平价医疗法案，那么你支持奥巴马医改”。不幸的是，有些人支持美国平价医疗法案，但是拒绝支持奥巴马医改，他们并没有意识到两者是相同的事物。他们强烈拒绝与奥巴马相关的任何事，以奥巴马名字命名的事物足以让他们拒之千里。这真让人大开眼界！我认为我们可以从中学到重要的一课——呈现事物的方式的确非常重要，甚至可以推翻非常明确的逻辑。

我们将这些推断总结后列入下表：

	原命题	逆命题
命题 1	真	假
命题 2	假	假
命题 3	假	真
命题 4	真	真

命题与其逆命题各有真假，这里列出了所有可能出现的组合，共有4组。这意味着，如果我们从一个新命题开始，发现它为真或者它为假，这并不能帮助我们掌握逆命题的任何信息。因为在理论上，逆命题可以为真，也可以为假。

逻辑等价

我们已经讨论了将命题与其逆命题混为一谈的错误，也讨论了仅仅通过一个命题为真，就推断其逆命题也为真的错误。然而，有些时候命题与其逆命题都为真。这时，我们就遇见了逻辑等价的情况。也就是说，

如果 A 蕴涵 B，同时 B 也蕴涵 A，那么 A 和 B 在逻辑上是等价的——无论何时，只要 A 为真，B 就一定为真；同样，无论何时，只要 A 为假，B 就一定为假。

这意味着，A 和 B 在逻辑上是可以互换的，而且二者往往是看待同一事物的不同视角。至关重要的是，这并不意味着它们是完全一样的，就像之前列出的奥巴马医改和美国平价医疗法案的例子。在逻辑上，二者是相同的，但是在情感上，对于某些人是非常不同的。这些人觉得，支持令人心安的、充满同情心的、以“美国平价医疗法案”为名的事物是可以接受的，但是支持涉及奥巴马的事物就难以忍受了。另一些人的反应则刚好相反，他们会更加积极地对待涉及奥巴马的事物。当两个事物在逻辑上并非等价时却假设它们是等价的，例如认为拥有学位与拥有才华是等价的，这就是假等价的逻辑谬误。稍后，我们会讨论这一点。然而，奥巴马医改/美国平价医疗法案的例子是另一种“假不等价”的情况，有些人认为二者是不同的，但实际上它们在逻辑上是等价的。尽管如此，我们还是应该接受它们在情感上并非等价的事实，而且我们应该顺应这个事实，而不应该仅仅因为它与逻辑冲突就简单地否定它。我们将在第十五章的情感部分讨论这些问题。

当两个事物在逻辑上等价时，蕴涵可以向两个方向流动，所以我们使用如下符号表示：$A \Longleftrightarrow B$。关于这个命题有许多种说法，因为逻辑是流向两个方向的，所以这些说法往往是对称的：

- A 为真，当且仅当 B 为真时。
  B 为真，当且仅当 A 为真时。

- A 是 B 的充分必要条件。

B 是 *A* 的充分必要条件。

- *A* 在逻辑上与 *B* 等价。
  B 在逻辑上与 *A* 等价。

- 如果 *A* 为真，那么 *B* 为真；如果 *A* 为假，那么 *B* 为假。
  如果 *B* 为真，那么 *A* 为真；如果 *B* 为假，那么 *A* 为假。

最后一组说法揭示了一个事实，即当 *A* 为假时，“*A* 蕴涵 *B*”无法告诉我们任何信息。如果我们想在 *A* 为假时推断出某些事物，那么我们需要做逆转。虽然从表面上来看，逆转给了我们一种途径，让我们从真的 *B* 推断出某些信息，而不是从假的 *A* 来做推断。下一章我们还会讨论这一点，到时我们将进一步探究事物为假意味着什么。

第四章

对立与谬误

我们如何反驳

对于学校辩论社期间的辩论，我至今记忆犹新的只有两场。一场是“我社认为玛格丽特·撒切尔应该下台”，这场辩论格外值得纪念，因为她在辩论的当天上午真的辞职了；另一场是“我社认为草莓比山莓好”，这是一个典型的毫无意义和内容的辩题。我们很容易认为，辩论的双方都面临着一个同样不可能完成的任务。你如何争论一种浆果比另一种好呢？这里的“好”意味着什么呢？然而，这种辩论的关键是，辩论社成员只决定他们是否支持这个辩题。因此，提议者必须论证草莓比山莓好，而另一方则要论证提议者是错误的。有许多方法可以证明他们是错误的。一种方法是，事实上，山莓比草莓更好。但是，如果草莓和山莓一样好，或者“更好”是不可能被定义的，或者整个想法都是愚蠢的，那么提议者也是错误的。

大部分争论与辩论不同，但它们也表现为一部分人声称某些事物是正确的，另一部分人认为这些事物是错误的。如果他们试图以逻辑的方式争论，那么第一个人会努力通过构建逻辑论证来证明他们所说的是合理的。第二个人要么试着找出逻辑论证中的漏洞，要么尝试构建他自己的逻辑论证，以断言第一个人是错误的。

逻辑学、数学和科学都是发现什么事物为真的方法，但它们同时也是发现什么事物为假的方法。我坚信，承认出错的可能性，并找到发现错误的方法，是一个理性人的重要组成部分。（但是我可能是错的。）

否定就是我们反驳事物的方式。不幸的是，在日常生活中，这一点我们通常做得非常糟糕。争论总是很快变成侮辱、恐吓或者大喊大叫，特别是在网络评论这方面。我乐观地认为，这源于人们无法取得一致观点的挫败感，而并非源于每个人都喜欢侮辱、恐吓或者吼叫别人。我的乐观驱使我做一些事，比如写一本关于逻辑的书，因为我认为大部分人能做得更好，我甚至认为大部分人想要做得更好。或者退一步讲，大部分人能被说服去做得更好。

在日常生活中，反驳某个事物并不非常顺利的一个原因是，我们往往不完全理解哪些事物是等价的，因此也不完全理解哪些事物属于真正的驳斥。我们一旦理解了否定，就可以开始构建逻辑的力量。首先理解针对同一想法的不同观点，然后理解它们之间是如何互相赞同或者互相反对的。

否定与对立

让我们来想象一场关于教育体系的辩论，就像某些人定期会做的那样，这些人声称亚洲的教育体系比英国的更好。有两种方式可以反对这个观点：

（1）经过仔细斟酌并且冷静的：我不认为亚洲的教育体系更好。

（2）极端而且激动的：不可能！英国的教育体系更好！

抛开情感基调，从逻辑上讲，这是两种不同的反对原始观点的方式。第二种（极端的）方式是用正常的语言将我们思考的事物作为“对立面”表达出来。但这并不是逻辑上的对立。在逻辑学中，为了做出否定，我们会先引用最初的命题，然后简单地表明它是不正确的，上面的第一种（冷静的）反对方式——“亚洲的教育体系比英国的更好”的否定的说法为“亚洲的教育体系比英国的更好，这是不正确的”。或者，用更加自然的语言来说：“亚洲的教育体系并不比英国的更好”。就像草莓和山莓的问题一样，有许多方式可以论证亚洲的教育体系“没有更好”。“更好”意味着什么？教育体系的目的是什么？我们如何衡量它们的成就？我们想让教育体系达到什么目标？一些人似乎是根据数学和科学成绩，或者其他标准化的测试结果来衡量所有事物的，而另一些人想要根据对工作的准备程度来衡量所有的事物。训练人们在标准化的测试中取得好成绩以及把人们培训成一个优秀的员工，难道这就是我们期望教育做到的全部吗？

这里还有更多的例子能够展示逻辑否定与日常语言中的“对立”之间的差异：

- **原始陈述**：我认为欧盟很棒。

  对立：我认为欧盟很糟糕。

  否定：我认为欧盟并不是很棒。这与认为欧盟很糟糕是不同的。除“糟糕”之外，欧盟也有“不棒”的可能。例如，欧盟大体上很好，但是还有一些缺点。然而，这里会出现一个棘手的语言问题，因为用一种特定的语气来表达这句话，听起来可能是以一种嘲弄的、轻描淡写的方式来表达欧盟很糟糕。然而，这只是语言上的怪癖，并不是逻辑上的否定。

- **原始陈述**：玛格丽特·撒切尔是最杰出的首相。

  对立：玛格丽特·撒切尔是最差劲的首相。

  否定：玛格丽特·撒切尔不是最杰出的首相。但可能她也不是最差劲的——她可能是第二差的，或者第十差的，等等。

- **原始陈述**：气候变化一定是真实的。

  对立：气候变化一定是假的。

  否定：气候变化不一定是真实的。有什么事物是确定的吗？然而，这也不意味着气候变化一定是假的——因为有大量证据指向它，所以它很有可能是真实的。这里的"真实"意味着根据严格的科学框架得出的科学的、合理的理论。

- **原始陈述**：糖对你有好处。

  对立：糖对你有坏处。

  否定：糖对你没有好处。但是糖也不是直接对你有坏处，因为每天吃少量的糖可能不会对你有任何伤害，只有在食用量非常大时它才可能对你有坏处。

- **原始陈述**：我是男性。

  对立：我是女性。

  否定：我不是男性。我也可能不是女性，因为我是预计占人口

1.7% 的天生双性人之一。

总体来说，否定是比对立更宽泛的表述。对立是严格的、极致的反对，或者就像我们强调的“极性对立面”一样。北极的极性对立面是南极，但是在这两个极点之间，还有非常非常多的世界。

- **原始陈述**：奥巴马是黑人。

  对立：奥巴马是白人。

  否定：奥巴马不是黑人。事实上，他的父亲是黑人，他的母亲是白人。所以，可以说他既是黑人又是白人，或者两者都不是。

用对立的方式思考，而不用否定的方式思考，是一种极端的、黑白分明的看待事物的方式。在奥巴马的案例中，大部分人对于称呼他为白人感到奇怪，所以即使他在某种意义上既是黑人又是白人，人们还是常常称他为黑人。那么，为什么称呼他为黑人比称呼他为白人似乎具有更多的意义呢？难道事实上真的有什么意义吗？这就涉及灰色地带问题了。

灰色地带

人们往往不擅长处理灰色地带。在现实生活中，许多论证最终会变为极端对立的争论。例如，两个人一起去听音乐会，一个人激动地说：“这真是太棒了！”另一个人反驳道：“你怎么会这么想？我认为它很糟糕。”再比如，政治决定常常会导致一些人说：“这真是伟大的决定！”而另一些人说："这真是糟糕的决定！"

人们争论某个领导人到底是优秀的还是糟糕的时候，其中一方会提到他做过的所有好事，另一方会提到他做过的所有坏事。在实际生活中，大部分人都会既做一些好事，又做一些坏事。事实上，大部分事物本身也既有好的部分，又有坏的部分。更加符合逻辑的否定是，如果一些人论证某个领导人做了一些好事，那么另一方应该论证这个领导人并没有做一些好事，也就是说领导人完全没做好事（这是非常极端的）。或者，如果一方论证某个领导人是穷凶极恶的，那么另一方应该指出这个领导人总体上是邪恶的，但在某些方面也做了一些好事。不幸的是，如果你不谴责那个人所做的每一件事，那么对一些（不合乎逻辑的）人来说，你就是在支持那个人。这就是非黑即白思维的问题之处。

人们不是很擅长处理灰色地带，事实上逻辑也不擅长。我们在第十二章会重新讨论这一点，但是现在一定要注意到，灰色地带应该是包含在某个地方的，不然我们就忽略了现实的某个部分。

在一场正式的辩论中，灰色地带的位置是可以被清晰指出的：它就包含在对立里。所以在草莓和山莓的辩论中，辩题是草莓"一定"比山莓好。那么对立中的所有灰色地带为：两种浆果可以是完全一样的，或者草莓有时更好、有时更糟，等等。

如果我们正在考虑的是"好"的概念，那么灰色地带（平庸的）就包含在"不好"里，所以它就和"坏"归到一起了。如果我们正在考虑欧盟是否糟糕，那么灰色地带（一般）就包含在"不糟糕"里，所以它和"很棒"就归到一起了。

如果我们着眼于（已经存在缺陷的）种族概念，并且考虑一下白人，那么所有灰色地带的"非白人"都包含在黑人里。20 世纪美国的部分地方将这一想法制定成法律，当时只要带有一点点"黑人血统"的人就会被认定为黑人。在其他时期，这个任意的分界点被定为 1/8 血统或者 1/4 血统。

我们如果只讨论黑人和白人，要么就像前文说的那样，选择一个任意的分界点，要么就从我们的讨论中删除其他人，包括混血儿、亚洲人、印第安人，以及所有既非黑人又非白人的人。

在逻辑学中，这被称为排中律。排中律认为，此刻我们要处理的只有“正确”和“不正确”这两个选项。因此，所有类型的“不正确”都应该包含在内。这也意味着，如果某个事物不是不正确的，那么它一定是正确的。这并不意味着我们排除了中间部分，也就是说我们把它扔掉了或者忽略了，这只是意味着我们已经把它包括在一边或者另一边了，这样就再也没有中间部分了。

这是一张从白色到黑色的渐变图：

我们应该在哪里画一条区分白色和黑色的线呢？一种严格符合逻辑的方法是考虑黑色和非黑色：

但是，另一种符合逻辑的方法是考虑白色和非白色。在这种情况下，

分界线位于另一端：

人们对这种方法有许多不满，因为在这两种情况里，分界线都被推向一个极端。但当考虑种族问题时，这个方法却能很有效地帮助我们讨论白人和非白人的问题。因为白人特权似乎不会延伸到混血人群，除非他们能“顺利通过分界线”，成为白人。然而，从另一方面来说，将所有非白人都称为某种“其他的人”，可能是白人至上和白人不愿让别人进入自己社会的症状。

把分界线推向极端，这至少比只考虑极端和忽略整个灰色地带听起来更合乎逻辑。毕竟，如果我们表现得好像中间部分不存在，那么我们所说的就不是真实的。

在现实生活中，另一个不那么极端，但也不太合乎逻辑的做法是我们把分界线放在正中间的某个地方：

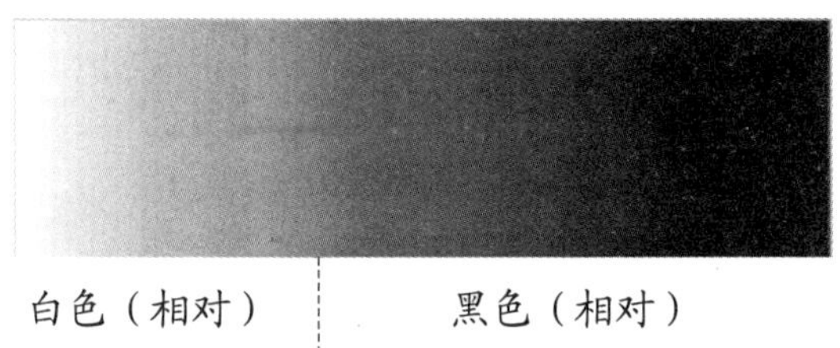

还有另外一种选择，就是明确指出中间的区域，并且为它命名，如“灰色”：

当然，这仍然意味着我们需要选定一个地方来放置白灰之间的分界线以及灰黑之间的分界线。这在某种程度上与“异性恋”“同性恋”“双性恋”这些术语类似。一个极端由那些只被异性吸引的人组成，另一个极端由那些只被同性吸引的人组成，中间部分则是那些双向性取向的人。然而，我们在哪里划线呢？如果某个人被异性吸引，但又对某一个同性的人感兴趣，那么是否足以称他为异性恋？如果某个人被同性的人吸引，但又对某一个异性感兴趣，难道这种情况下他就不是同性恋了吗？对我来说，最简单的答案是，每个人都有权称自己为他们选择的那一类人。但是，就像对种族的考虑一样，总有一股潜在的、不均衡的力量将这些考虑推向一个方向：此时比例是不对称的。在经历了长期的压迫之后，黑人和同性恋在这种分类体系中面临更多的利害关系。是否需要公开或者隐瞒自己的身份，是否需要保护自己的群体，以及是否需要得到允许，像每个人应得的那样融入持有权力的群体。虽然，逻辑可以通过忽略不相关的细节来帮助我们简化情况，但是我们应该小心，不要因为忽略了重要的背景信息造成过度简化。

在第十二章中，我们会再次讨论这个问题，并将看到，虽然在中间某个地方设置界线的方法不那么极端，而且没有忽略整个灰色地带，但还是会引起其他矛盾。我们将讨论更加微妙的处理灰色地带的方法，以避免极端、忽视以及矛盾。在涉及灰色地带的地方，总是说起来容易做起来难。

将灰色地带吸收进一边或者吸收进另一边是一种简化，但至少不是错误或者矛盾。然而，完全否认它的存在常常是非黑即白思维出错的地方。

维恩图

为了思考如何看待否定，如何看待白人和非白人，我们画了一个带有白人区域的人类维恩图，如下所示：

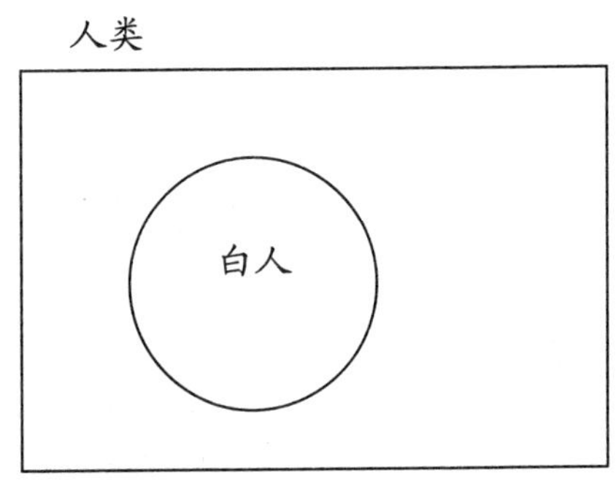

接下来，白人之外的部分就是所有非白人，在这里用阴影表示：

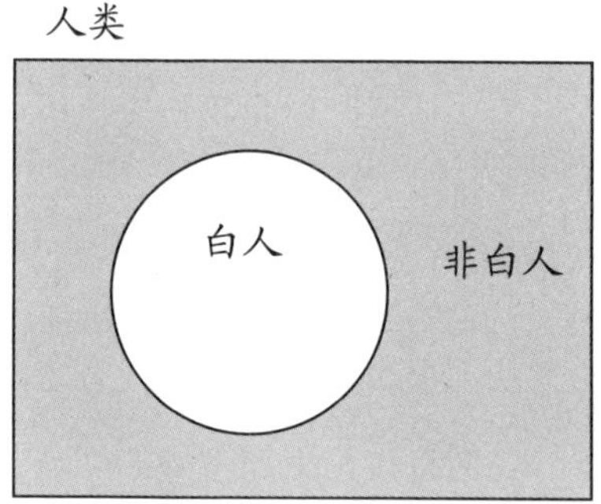

非白人包括黑人、亚洲人、拉丁美洲人、印第安人等白人之外的所有人。

一般来说，我们在考虑命题“*A* 是正确的”时，可以画出下面的维恩图：

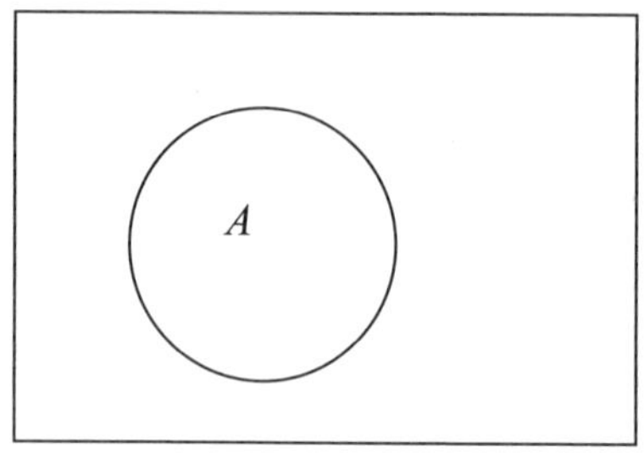

在这种情况下，圆形之外的部分代表“*A* 是不正确的”：

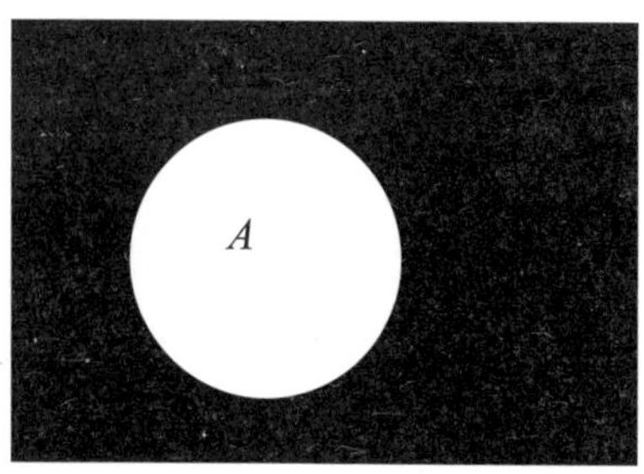

现在，我们又遇到了灰色地带的问题。事实上，我们正在使用排中律：否定占据了圆圈之外的所有空间，在这些空间和圆本身之间没有任何事物。在集合和维恩图的语言中，这些空间被称为补集——可以与 A 完美结合在一起的部分。如果有灰色地带，它看起来会如下图所示：

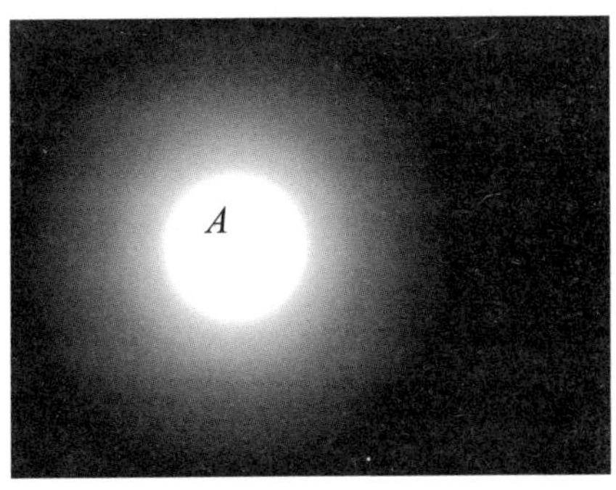

现在，如果我们考虑的概念是“白色”和“非白色”，那么分界圆会在中间：

然而，如果我们考虑的是“黑色”和“非黑色”，那么分界圆就会在外侧，即深黑色开始的地方。①

在下一章中，我们将看到更多带有集合的维恩图，届时我们会思考逻辑命题是如何相关联的。

真值

数学家们似乎一直在试图让事物变得更复杂，但是实际上，他们是在试图让事物变得更简单，以便我们更好地理解这些事物。简单化和过度简化之间有一个重要的区别，我认为这与阐释有关。如果将事物过度简化，你很可能会忽略重要的细节，而这些细节实际上是富有启发性的。而恰当简化的一个关键之处是保留一些相关的、富有启发性的细节，并且忘记其他事物——至少目前是；另外一个关键之处是，你要时刻意识到自己忘记了什么，这就像当天气预报说今天是晴天时，你会故意把雨伞留在家里，而不是意外地忘记了雨伞，也忘记了看天气预报。如果你意识到自己忘记了什么，那么你也会意识到自己所做事情的局限性，以及你不该陷入的处境。

在某种程度上，排中律就是一种简化。稍后我们会发现，在不改变自己逻辑的情况下，我们真的会无法处理某些特定的情况。另外一种看待排中律的方式是我们将真相视为二元的，即“是”或“否”。数学家

①在观察内部没有黑色圆圈的图片时，你可能会产生一种视错觉。在 A 的外部似乎有一个白色发光的圆圈，而中心部分看起来更灰一些。这是一种错觉：整个中心实际上是白色的，但是在某种程度上，外圈看起来更白一些，可能是因为外圈更靠近灰色。我感觉这里可能有一个隐喻性的解释：即使这里的色彩渐变的，我们的大脑也认为白色和非白色之间存在一个分界线，特别是当我们太习惯处于白色的中心的时候。由于这个问题与种族偏见有关，我们以后再来讨论这个问题。

们更进一步，他们赋予真相一个值：如果某个事物为假，那么值为0；如果事物为真，那么值为1。你也许会认为数学家就喜欢把事物转化成数字，但请你记住：数学不仅仅是数字，还包括许多其他事物。然而，数字是我们非常熟悉而且易于推理的。如果我们能把情况转化成一些数字，那么这将对我们非常有益。

排中律表明，0和1之间没有真值。你可能会在这一点上喊“犯规”，并且宣称这难道不是意味着我们要扔掉中间部分吗？毕竟，在0和1之间还有许多小数，这些小数可能是代表了部分真相。如果某些事物的真值为0.5，那么这是否意味着它是半真半假的？有一种逻辑形式采用了这个方法，称为“模糊逻辑”。在第十二章中，我们将回到这个问题上，到那时我们会讨论更多应对灰色地带的方法。

仅使用0和1作为可能的真值，这很像在法庭上只允许回答“是”和“否”。律师在向某些人施压以使这些人说出一些置自己于不利境地的话时，最喜欢用这个工具（至少，小说中的律师是这么做的）。在逻辑学中，在法庭上，事物都只是简单的正确或者不正确，1或者0。这听起来很苛刻，但这就是记住“不正确”包括所有可能的灰色地带的原因。

如果一个命题为真，那么它的否命题一定为假。同样，如果某个事物为假，那么它的否定一定为真。我们将这些总结成下面这个小型真值表。这里A为任意命题，“非A”为它的否命题：

A	非A
1	0
0	1

与维恩图类似，真值表是另一种囊括逻辑的有力途径。它们距离直觉更远一些。但是，当你远离直觉时，有时会发生两件事。一件是你能更好地运用自己的逻辑思维；另一件是你实际上开发了新的直觉——关于逻辑而不是其他事物的直觉。如果逻辑的直觉听起来像一个矛盾，那么我道歉。（这只是个承诺，而不是逻辑蕴涵。）

最后，我应该指出，真值还有另外一种可能性：某个事物的真值有可能是无法确定的。我们将在有关悖论的第九章讨论这一点。有些悖论是由一些表述引起的，这些表述自相矛盾，无法在不引起矛盾的情况下赋予其任何真值（真或者假）。这意味着它根本无法具备任何真值。但这也不意味着它是假的，只意味着它是未知的。

下面这些陈述的真值迄今为止还是未知的。但是，这只是由目前人类知识的局限性，而不是其内部的逻辑问题引起的。

（1）宇宙是有限的。

（2）总有一天，我们能治愈所有的癌症。

（3）陨石导致恐龙灭绝。

否定蕴涵

我们既然已经对否定有了更多的了解，就可以试着把它应用于一个更复杂的陈述：一个蕴涵的表述。

我们已经看到蕴涵“如果你是白人，那么你有特权”。我们还看到其逆转“如果你有特权，那么你是白人”是不正确的，因为即使你不是白人，也会有其他形式的特权，例如，作为男人、富有的人、正直的人、顺性别的人[①]、身体强健的人、高大的人、纤瘦的人、受过教育的人等等。因为这个逆命题是不正确的，所以我们应该可以否定它。

否定蕴涵是很复杂的。它并不是简单地在表述中加个“不”字就能被否定的，虽然这么做很吸引人。我们可以说“如果你有特权，那么你不是白人”，但这也是不正确的。如果你有特权，那么你可能是白人，但也可能不是。

我们可以说：“白人特权之外还有很多其他的特权。”这是迈向逻辑否定的很好的一步，但是我们还没讨论到“还有……”，以及这意味着什么。（我们将在第七章讨论。）

直到那时，真正能够否定“意味着”的唯一逻辑方法就是“不意味着”，例如“拥有特权并不意味着你是白人”。或者，我们可以在命题的末尾加上“这是不正确的”。用这个方法进行否定是万无一失的，这只会导致句子听起来不够自然。“如果你有特权，那么你是白人，这是不正确的。”

在符号方面，我们只需要把蕴涵箭头划掉，如下所示：

$$A \nRightarrow B$$

不正确的蕴涵往往是分歧的根源。

错误的蕴涵

一些白种人曾经尝试争辩白人特权并不存在，下面就是一个错误的论点：

①顺性别：自我认定性别与出生时的性别一致。

许多黑人比我富裕，因此我没有白人特权。

如今，即使你是白人，一些黑人比你富裕的情况也是真实存在的。例如，你是一个很不寻常的人，但贝拉克·奥巴马和奥普拉·温弗瑞比你富裕。然而，这并不意味着你没有白人特权。

下面我会以更详细的方式来展现这个错误的论点是如何推进的：

（1）即使我是一个白人，一些黑人也比我富裕。

（2）如果一些黑人比我富裕，那么我就没有白人特权。

（3）因此，我没有白人特权。

从逻辑蕴涵推断出某些事物的过程叫作推理。推理规则对于逻辑的使用是非常重要的，而且它有一个非常奇妙的名字——肯定前件式，这是拉丁语，表示“肯定方式”。从本质上说，这个过程是我们从一个已知的真理发展到另一个真理的唯一途径。（在第九章，我们将研究卡罗尔的悖论。这个悖论探讨了如果不允许我们使用这条推理规则，我们将陷入的不可能的状态。）肯定前件式表明，如果我们知道“A 蕴涵 B”，那么我们可以由 A 推断 B，如下所示：

（1）A 为真。

（2）A 蕴涵 B。

（3）因此 B 为真。

在上一个例子中，结论是“我没有白人特权”。现在，结论有两种错误的可能：要么（1）是错误的，这意味着你比所有的黑人都富裕（或者你不是白人）；要么（2）是错误的。在我们的例子中，有些人认为（2）是正确的，但这是对白人特权意义的误解。这是一个稻草人谬误，也就是说，一个论证被另一个与其本身不同且更容易被击倒的论证（一个稻草人）替换，然后我们再适时地击倒这个替换之后的论证。（在第十四章中，我们将关于等价重新讨论稻草人的论证。）白人特权并不意味着每一个白人都比每一个非白人富裕；它意味着，任何指定的非白人处在完全相同的环境下，如果他们变成白人，那么他们将会更好地融入社会以及生活中。

关键是要记住，只有把命题“*A*”和命题“*A* 蕴涵 *B*”结合在一起，我们才能推断出命题 *B*。因此，如果命题 *B* 不为真，那么或者是因为 *A* 不为真，或者是因为“*A* 蕴涵 *B*”不为真。人们常常忽视这种蕴涵不为真的可能性。在下一章中，我们将更进一步地研究各种因素是如何结合起来产生结果的，以及一些因素是如何经常被忽视的，以至于责备不公平地集中在一个特定的人或者环境上。

逆否命题

我相信，大量的逻辑力量来自它的灵活性，而这种灵活性又来自使用不同但又等价的观点来观察事物的能力。理解否定是如何与蕴涵相互作用的，为我们提供了观察事物的途径。在之前的论证中，相信命题

如果一些黑人比一个白人富裕，那么这个人就没有白人特权。

相当于相信命题

如果你有白人特权，那么你比所有黑人富裕。

第二个命题在逻辑上是与第一个命题等价的。这意味着，不但第二个命题可以由第一个命题推断出来，而且第一个命题可以由第二个命题推断出来。所以，这两个命题在逻辑上是可互换的（但是，对于我们这些非逻辑人群，这两个命题强调的重点是略有不同的）。举个例子，假设我告诉你：

如果你要出国旅游，那么你一定要有护照。

这在逻辑上相当于：

如果你没有护照，那么你不能出国旅游。

然而，这两句话在情感上是有一些差异的——第一种说法更多的是关于为了旅行你要做什么，而第二种说法更多的是关于没有护照你不能做什么。虽然这两种说法在逻辑上是等价的，但对人们而言，这两者是略有差异的。

这样的等价蕴涵对就称为“逆否命题”。在形式上，逆否命题是你可以做出的新命题，它从如下蕴涵开始：

$$A \Longrightarrow B$$

然后，逆否命题为

$$B\text{ 为假}\Longrightarrow A\text{ 为假}$$

这个命题在逻辑上是与原始命题等价的。这意味着，无论何时，如果原始命题是正确的，那么逆否命题也是正确的。无论何时，如果原始命题是错误的，那么逆否命题也是错误的。请不要与逆命题相混淆，逆命题为

$$B\Longrightarrow A$$

它在逻辑上是与原始命题不相关的。此外，也不要与通过分别否定 A 和 B 得到的命题相混淆：

$$A\text{ 为假}\Longrightarrow B\text{ 为假}$$

这个命题是逆命题的逆否命题，所以它与逆命题是等价的。

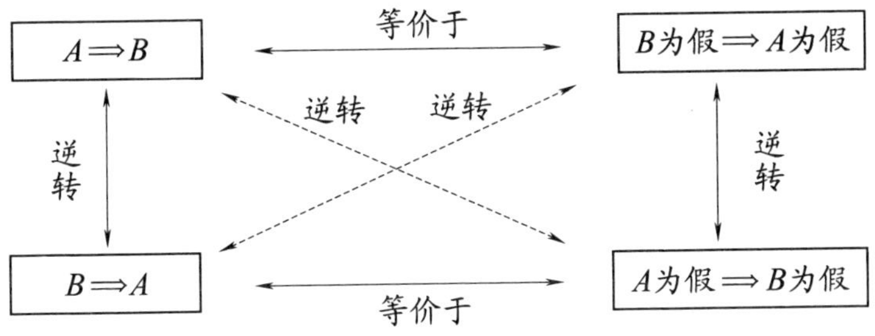

当人们看见下面的表述时，容易犯下分别否定 A 和 B 的错误，

如果你是美国公民，那么你可以合法地在美国生活。

将其转变为

如果你不是美国公民，那么你不可以合法地在美国生活。

最后，不要将逆否命题与下述否命题相混淆：

$$A \not\Rightarrow B$$

这个否命题在任何地方都不符合上面的图表。如果一个蕴涵为假，除非论证被击溃，那么你无法从任何事物中推断出任何东西。

证据

逻辑蕴涵比证据更有说服力。逻辑蕴涵意味着某个事物绝对为真。证据只是提高了事物为真的可能性。这是非常重要的区别。证据并不能促使某个事物逻辑上为真，只有逻辑证明能做到这一点。

例如，假设你认为所有中国人都擅长数学。可能每当你见到一个长得像中国人的数学家（比如我），你都会觉得这对你的理论有帮助。你正在思考如下蕴涵：

具有中国血统意味着擅长数学。

每当你遇见一个长得像中国人的数学家，你都会把他（她）保存为证据。

这时出现的问题之一是你可能受制于证实性偏见，在这里你只注意到支持自己理论的证据。然而，另一个问题是这些证据对逻辑并无助益。掌握了处理逆否命题的新能力，也许我们可以更清楚地看清这一点。该命题的逆否命题为：

不擅长数学意味着没有中国血统。

依据"证据有助于逻辑"这个观点进行思考，意味着每当你看见一个非中国的非数学家，你都会觉得这有助于支持你的理论。例如，每当你看见加拿大的鹅或者法国的马卡龙，你都觉得这有助于支持你的理论——中国人擅长数学。你可能会反对我的说法：我们在这里只考虑人类，不考虑动物或者食物。但这仍然意味着，一个美国歌手，或者一个英国足球运动员，都应该有助于支持你的理论：所有中国人都擅长数学。

比起每遇见一个中国数学家都把他/她当作支持你的理论的证据，上述思考在直觉上似乎更奇怪一些，但从逻辑上来说，这两种情况都没有什么意义。

科学中的否定

我们在思考证据的同时，也可以思考在科学实验中证据确实为我们做了什么，以及它是如何与否定相互作用的。毕竟，所有科学（如数学和所有领域）都有一个用来证明事物为真和不为真的框架。

科学实验的过程通常从一个假设开始，也就是说，科学家认为某个命题可能为真，但是它的真值目前还是未知的。学校里的科学实验常常是非常简单的内容，现实中科学家已经知道这些实验很长时间了。这常常让我觉得，学校里的科学实验都是人为设计的。因为缺乏做实验的动力，所以我非常不擅长做实验。我希望实验更多地作为一种探索科学的方法以及一种学习如何验证已知事实的方法来呈现。

记得有一个实验我确实做得很好，它是关于胡克定律的实验。实验的假设是：弹簧的伸长量与其悬挂的载荷成正比。

接下来，科学家（或者在校学生）会寻找支持假设的证据。在这个案例中，一个实验内容包括选择各种弹簧，并测量当弹簧上悬挂不同的物体时它们的伸长量，然后分析数据。统计学研究的是支持各种假设的数据类型。你如果发现自己有正确的数据类型，就可以得出如下结论：

有足够的证据表明这个假设为真，确定性在（例如）95% 以内。

如果你发现自己没有正确的数据类型，那么你的结论应该是上述结论的否定，如下所示：

没有足够的证据表明这个假设为真，确定性在 95% 以内。

重点是要注意，这在逻辑上与推断假设为假不同。推断假设为假是对立面，而不是否定。如果你没有足够的证据来支持一个假设，那么这个假设的值是未知的。此时，你可能需要更多的数据，或更好的实验。在上述例子中，我们真正需要的是一个改良的假设：

在最大载荷范围内，弹簧的伸长量与其悬挂的载荷成正比。

这就是胡克定律。一旦一个假设的真实性被科学地证实，它通常会被“提升”到定律的地位。科学定律就是在科学界可以接受的确定性等级内，被确定为可能正确的事物。这与逻辑真理不同。然而，逻辑真理与科学真理是相互作用的：我们可以从科学定律出发，从逻辑上推进。如果定律是正确的，那么我们可以通过它逻辑地推断出各种事物。

有时，人们指出科学实验涉及确定性的百分比，并且声称这意味着它“只是一个理论”，因此我们有权不相信它。这是对科学方法、统计学和概率的误解。如果某个事物有 50% 的确定性被证明是正确的，那么我们真的无法裁断了，事物是可以向任何一个方向发展的。聪明的做法是，不基于它的正误做任何事，而是等待进一步的数据。然而，如果某个事物被证明是正确的，而且确定性为95%，那么它很可能是正确的，尽管仍然有很小的可能性它不是正确的。科学家根据情况的严肃程度来选择他们的百分比界线——这又是一个错误肯定和错误否定的问题。当事物错误的时候我们认为它是正确的，或者当事物正确的时候我们认为它是错误的，还会比这更糟吗？像药物副作用这种危及生命的情况，我们选择使用更高级别的确定性。由于在逻辑之外绝对确定性是永远不可能的，因此永远不会有 100%的确定性。但是，如果我们的行动只基于那些已知确定性为 100% 的事物，那么我们几乎什么也不能做。

另一方面，如果某个事物被认定为正确的，并且有 1% 的确定性，那么它确实很可能是错误的，但即使这样，它仍然可能是正确的。我优秀的数学老师马德尔先生告诉我们，如果你们没有正确的数据来支持自己的假设，那么正确的否定应该是：“由于没有足够的证据支持这个假设，因此，我们需要更多的资金来做进一步的研究。”

第五章

责备与责任

每个人和每个事物是如何逻辑地联系在一起的

2017年4月9日，美国联合航空3411航班机票超售了。航空公司工作人员将一位特殊的乘客赶下了飞机。他并不是自愿离开的，而是被安保人员拖走的，还受了伤。这次事件引起了轩然大波，对于这是谁的错，人们的意见也有明显的分歧。针锋相对的观点有：

（1）这是美国联合航空的错，因为安保人员不合理地使用武力。

（2）这是乘客的错，因为被要求后他拒绝离开自己的座位。

但其实这里有非常多的促成因素。促成因素和“错误”一样吗？让我们来直面这个问题吧，生活中的一切都不只由一个因素造成，只是人们倾向于把责备的矛头指向一个因素，通常是一个人。

学生在一场考试中的成绩不佳，是因为学习不够刻苦，还是因为老师教得不够好？也许在某种程度上，这两种因素都有：一名真正优秀的老师会激励学生刻苦学习，但是这听起来像是在责备老师；一名真正优秀的学生，即使没有鼓舞人心的老师，也会刻苦学习，但是这听起来像是在责备没有受到良好教育的学生。有一部周期性播出的动画片，它会把“美好旧时光”（无论是什么时候）和今天做比较。在美好旧时光的画面中，家长和孩子在老师的办公室里，因为学生的糟糕成绩，老师正在斥责学生。在今天的画面中，场景是一样的，只不过现在是家长正在因为学生的成绩差而责备老师。唉，这是有一些道理的。责备的问题常常与责任的问题包裹在一起，反驳的观点经常是，如果我们不责备任何个人，那么是否意味着没有人应该为任何事情承担责任？

另一个更普遍的例子就是关系破裂。有时，双方都承认这不是任何人的错误，这是相互的。但可惜的是，这种情况很少发生。通常情况下，某一方或者双方受到了伤害，每一方都会责备对方。但是，在许多情况下（除了虐待案件），双方都有促成因素。理解关系破裂的关键是理解人与人之间的关系，以及他们各自对最终关系破裂的贡献。

在所有这些情况中，我们更好地理解了所有的因素以及它们之间是如何联系的，这就是我们在这一章想要表达的。

相互关联性

让我们回到学生成绩糟糕的例子，试着找出该情况中的逻辑。问题的关键是，学生的贡献和老师的贡献结合在一起，导致了这样的结果：

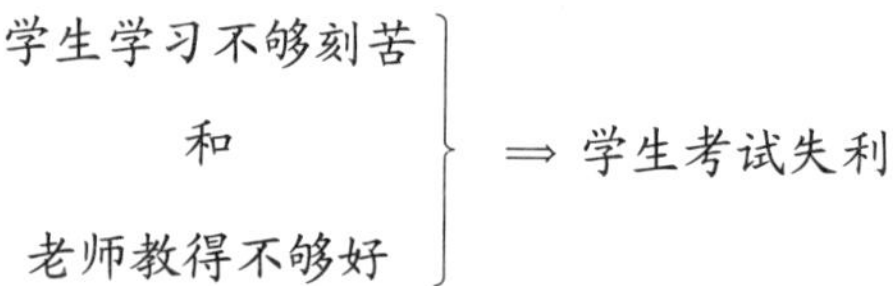

一些人可能会说："好吧，如果学生更刻苦地学习，那么他们就能通过考试，所以这是学生的错。"另一些人可能会说："好吧，学生已经尽了最大努力，但是他们没有好的老师，没有机会通过考试，因此这是老师的错。"最近，一名曾在牛津大学就读的学生因为失去的收入起诉牛津大学，理由是他受到的教育非常糟糕。他认为他没有获得一级学位是牛津大学的错，而这导致他在毕业后几年损失了收入。在不了解所有信息的情况下讨论这个案例是不明智的，但是我希望对于教学质量差的问题能有更好的补救措施，而不是通过数年后的一桩诉讼案件来解决。

关键在于，当两个因素结合起来导致一个结果时，无论其中哪一个因素发生变化，都会引起结果的不同。但是，这并不意味着每个因素都该为这样的结果负责，因为导致该结果的是两个因素的结合。这种情况的逻辑是连接词的逻辑。

逻辑连接词是将逻辑陈述连接起来，形成更大、更复杂的陈述的途径。理解复杂事物的一个好方法是将它分解成简单的组成部分，这是数学中的一个普遍原则。接下来，你只需要理解简单的构建单元，同时理解将它们连接在一起的方式。逻辑连接词可以将简单逻辑陈述连接成复杂的整体。

例如，"学生学习不够刻苦和老师教得不够好"。这里的连接词是"和"。学生怎样才能通过考试呢？也许是在"学生学习更刻苦或老师教得更好"的时候。这里的连接词是"或"。"和"与"或"是逻辑中的两个基本的连接词。

“和”与“或”都是无关痛痒的词，但它们却能引起逻辑错误，特别是在与蕴涵和否定结合的时候。在数学中，因为它们连接了不同的命题，形成了新的命题，就像建筑中将杆子连接在一起的连接件一样，所以它们被称作连接词。数学家钟爱由较小的事物搭建出复杂的事物。他们的想法是，理解了小事物以及将它们结合在一起的步骤，你就能真的理解庞大的、复杂的事物。一般来说，这是一个理解复杂情况的好方法：将它分解成小的部分，然后谨慎思考如何将它们连接在一起。

一般的情况是，已知命题 A 和命题 B，我们通过使用“和”与“或”得到两个新表述：

（1）A 和 B 都为真。

（2）A 或 B 为真。

像往常一样，一些问题的出现与我们在日常生活中如何使用这些词有关。

在现实生活中，“和”这个词可能不会明确出现在一个句子里，但是我们可以把这个句子转换成一个等价的句子，这个新句子中的连接词是非常明确的。例如，如果某人是一个白人男性，那么他就是白人和男性。同样，“这是种族歧视”，意味着“这是一个关于种族的和带有歧视性的陈述”。长版本在正常语言中听起来很迂腐，但是澄清了逻辑。所以，在逻辑的语境里，长版本可以算是精确的，而不是迂腐的。在正常语言中，偶尔的澄清也是必要的。我在美国的时候曾经说过“He’s a black car driver”，这句话引起了一些有趣的反应。因为人们以为我说的是“他是黑人和他是一个出租车司机”，而我真正的意思是“他是一辆黑色出租车的司机”。（在美国并没有黑色出租车的概念，所以用“和”来解释会更明确。）我第一次买约克郡的“霞多丽葡萄酒醋薯片”时，觉得它的配料很有趣。我发现它的配料是霞多丽葡萄酒和醋，而不是用霞多丽葡萄酒制成的醋。

“或”的数学概念比“和”更棘手一些，因为它与日常生活中我们使用“或”的方式不太相同。如果你问某人：“你是否想喝茶或咖啡？”你也许希望答案是茶、咖啡，或者两者都不要。如果你问一个迂腐的数学家，他可能会回答是或者不是。这是因为在数学中，“或”是一个逻辑连接词，它将命题 A 和命题 B 连接在一起，制造出一个新命题“A 或 B”。如果 A 正确，或者 B 正确，或者两者都正确，那么新命题就是正确的。这与英文中正常的用法不同，英文中的“或”通常排除了两者皆可的可能性——如果我在固定价格菜单上看见“茶或咖啡”，我希望选择其一，并且通常不会选择两种。这些差异使得“或”在逻辑上变得模棱两可，我们需要根据上下文推断其正确的含义。例如，如果你乘坐飞机时托运的行李过大或过重，那么你必须支付额外的行李费用。根据语境，我们很清楚，如果行李既过重又过大，那么你仍然需要支付额外的费用。这里的“或”就不同于“茶或咖啡”中的“或”。

类似地，如果你是富人或者男性（或者两者都是），那么你有更高的社会地位。如果你被定义为女同性恋（lesbian）、男同性恋（gay）、双性恋（bisexual）、跨性别者（transgender）、同性恋（queer）、双性人（intersex），或者不只其一（例如跨性别者和女同性恋），那么你就是 LGBTQI。

逻辑和数学要求事物非常明确，我们不需要根据语境来理解事物。所以，我们必须区别对待这两种“或”的用法。排除两者皆可的用法叫作“排他性的或”。提供茶或者咖啡（并不是两者都提供）就是排他性的或。包含两者皆可的用法叫作“可兼或”，如果你的行李超重或者过大（或者两者都有），那么你必须支付更多的费用，这就是可兼或。在正常语言中，根据语境，这种差异是非常明显的，所以差异变得迂腐，而不是精准。然而，在逻辑中，我们必须在不需要猜测语境的情况下明确其中的差异。这时，差异就变得精准，而不是迂腐了。因此，当一个数学家面对茶或咖啡的问题时，他回答“是”，这意味着他想要茶，或者想要咖啡，或者两个都要。对此我会说他是迂腐的，因为他不但没有澄清情况，而且主动混淆了情况。

在数学中，我们倾向于把“或”默认为可兼或，因为正如我们将要看到的，它使事物在逻辑上连接得更好。然而，在正常生活中，我们倾向于把“或”默认为排他性的或，即使有时我们还会用“两者其一”作为强调。和蕴涵、否定一样，我们也可以用维恩图来描绘“和”与“或”。

维恩图

假设我们考虑的是这样一些人，他们的平均收入比一般人要少。假设女性和黑人都面临这种劣势，那么处境最不利的就是那些黑人女性。我们用维恩图描绘如下：

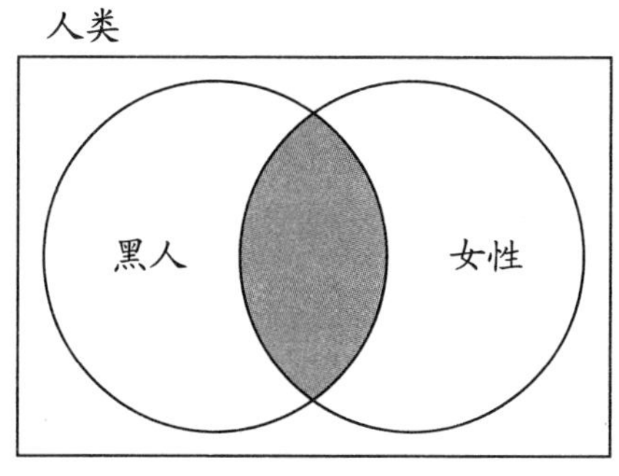

中间重叠的区域代表两个条件都符合的人群。在集合和维恩图的语言中，这个区域称为交集，在这个例子中，它是由黑人女性组成的。

如果我们转而考虑那些处于某种收入劣势（不一定是最糟糕的）的人，那么我们需要把非女性的黑人和非黑人的女性也包括进来，当然还有那些两个条件都符合的人。在维恩图中这称为两个集合的并集，我们将这个区域表示在下图中：

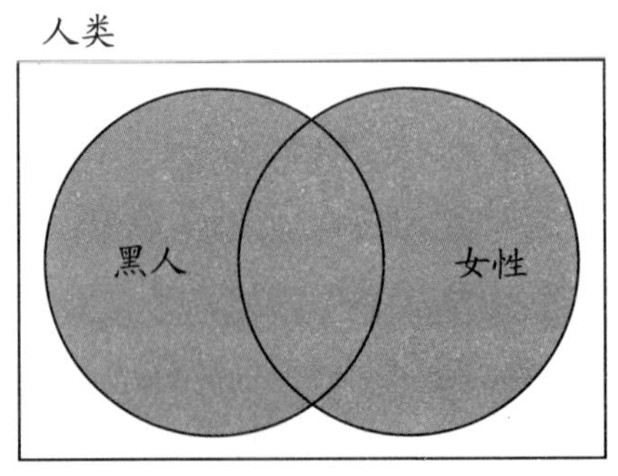

现在，我们来观察“和”与“或”是如何通过否定联系起来的。

“和”与“或”的否定

我们已经研究了一些例子，这些例子均由两个因素导致了一个结果，然后人们争论应该责备其中哪一个因素。问题在于，导致结果出现的逻辑与防止结果出现的逻辑并不相同。如果需要两个因素才能导致一个结果出现，那么我们只需要改变其中一个因素就能防止结果出现。在逻辑上，这是关于否定一个包含“和”的陈述。

例如，如果你不是一个白人男性，那么你可能是一个非白人男性，或者一个白人女性（或者，更广泛地说是白人非男性）；如果同时否定“白人”部分和“男性”部分，那么会得到一个非白人非男性的人。这就是交集之外的区域，我们在维恩图中用阴影表示如下：

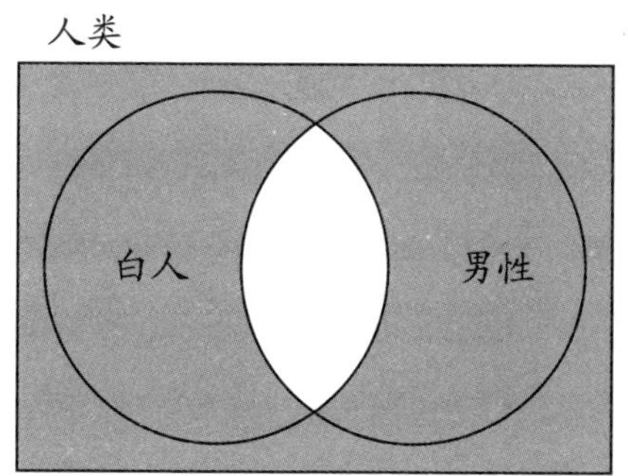

这个区域由三部分组成：

（1）非男性的白人；

（2）非白人的男性；

（3）既不是白人，又不是男性的人。

也就是说，这部分人是由那些非白人或者非男性（或者既不是白人又不是男性）的所有人组成。总体来说：

（*A* 和 *B*）为假意味着 *A* 为假或者 *B* 为假（或者两者均为假）。

当我们都意识到自己正在讨论可兼或时，不必每次都加上“或者两者均为……”。

那么否定“*A* 或 *B*”又会是怎么样的呢？我们也可以回到收入劣势

的问题。在欧洲和美国，如果你是黑人或者女性，那么你本身就存在劣势。为了避免这种特定的劣势，你必须既不是黑人又不是女性。（当然，你可能还有其他劣势，比如贫穷或者体弱多病。）

这就是维恩图中的外部区域：

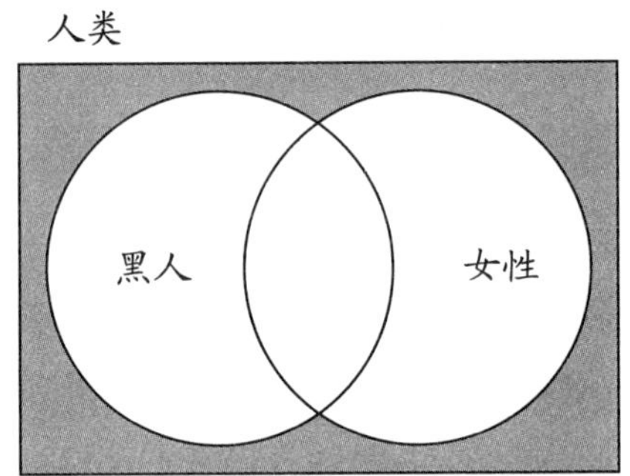

总体来说：

（*A* 或 *B*）为假意味着 A 为假和 B 为假。

我们总结之后如下所示：

- **原始命题**：你是黑人和女性。

  否定：你是非“黑人和女性”的。因此，你可以是黑人但是非女性，或者是女性但是非黑人，或者两者皆不是。

- **原始命题**：你是黑人或女性。

  否定：你是非“黑人或女性”。因此，你是非黑人和非女性的。用更自然的语言说：你既不是黑人又不是女性。

在所有的情况中，无论是否定“和”得到“或”，还是否定“或”得到“和”，为了让“和”与“或”之间的关系更舒服，我们默认这里的或都是可兼或。这就是数学家更喜欢把或默认为这种类型的或的原因之一，因为它使“或”与“和”之间的关系非常有条理。[①]

以上这些维恩图实验上只能在最基本的情形里帮助我们，这些情形只涉及两个（或者最多三个）集合。我们很快就会发现，绝大多数情况都会有更多这样的组成部分，这时，画出逻辑流程图会更有利于阐明事物。

到目前为止，我们掌握的逻辑称为命题逻辑。它包含命题（或者陈述）、连接词和真值。这虽然有点儿简单，但在人们分析责备和责任问题方面仍然非常强大，正如我们将要看到的那样。

责备

如果因素 A 和因素 B 造成了某种情况的出现，那么我们应该责备哪个因素呢？现在，我们知道了，否定一个含有“和”的陈述，我们只需要否定单个陈述中的一个因素。这意味着，在表述出现错误时，我们只需要“责备”其中一个因素，虽然这两个因素都必须对陈述有利，使其成为正确的陈述。

如果我摔碎了玻璃杯，我可能会说有两个原因：

A：我弄掉了玻璃杯。

---

①为了否定排他性的或，我们必须使用“两者皆是或者两者皆不是”。例如，你也许会找到一个人群，他们全都喜欢茶或者咖啡，但并不是两者都喜欢；你也许会找到另外一群人，他们要么全喜欢，要么全都不喜欢。“或者……或者……”是一个更自然的概念，而“两者皆是或者两者皆不是”就有一点儿奇怪。

B：地板非常硬。

这两个因素的结合造成了玻璃杯的破碎。现在，如果我没有弄掉玻璃杯，它就不会碎。但是，如果地板不那么硬，那么玻璃杯也不会碎。否定其中一个因素就否定了陈述“*A* 和 *B*”。但是，这并不意味着每个因素都应该自我反省。需要责备的是因素的结合体。

实际上，玻璃杯破碎还有许多其他因素，包括玻璃的脆弱和重力的作用。我们可以用连接词“和”把想要的陈述都串联起来，否定也是用相同的方式来进行的：

（*A* 和 *B* 和 *C* 和 *D*）为假
意味着
A 为假，或 *B* 为假，或 *C* 为假，或 *D* 为假。

也就是说，否定任何一个因素就否定了整个陈述。因此，举例来说，如果你不是一个异性恋的、白人的、富有的、顺性别的男性，那么可能是因为你是非异性恋的，或者非白人的，或者非顺性别的，或者非男性的人。失去了这些特征中的任何一个，都意味着你不具备所有的、完整类型的特征。但是，即使你具备了所有这些特征，也不意味着它们中的某一项会比其他项更值得“去责备”。

我认为，当我们正在思考某个事物应该归咎于某人或者某物时，这是非常微妙、但又非常重要的一点。对于学生在考试中的失利，我们还要考虑一些其他因素：考试太难、阅卷老师不够宽松、及格线设置得太高、学生在考试那天生病了。由于改变其中一个因素就会改变结果，所以我们总是很容易把原因归咎于这些因素中的一个。但是，用逻辑连接词“和”相连的因素结合体，才是真正导致了这样的结果的原因。

我听过软件开发人员杰西卡·克尔的一个有趣的演讲，她总结了这一点——理解体系而不是责备个体。因此，与其争论如何将责任归咎于个人，不如思考体系如何让所有因素相互影响从而产生这种结果。

我最喜欢的一个该类型的案例来自约翰·博因顿·普里斯特利的作品《罪恶之家》。有一名女性被发现已经死亡。渐渐地，越来越多的人被发现以各种不同的方式——私人上的、职业上的或偶然的接触，牵涉进她的死亡案件中。他们开始争论谁应该真正被指责，但实际上这是一个“和”的情况。母亲和父亲，以及儿子和女儿，连同社会和世界，共同造成了他们之间的情况。也许，这也是一个杰西卡·克尔所说的理解体系的例子。这里有两个体系：家庭及其相互作用（例如，其中艾瑞克说：“你不是那种小伙子遇到麻烦可以去找的父亲。”），以及社会对待贫穷女性的方式。

离婚

你可能没想到在一本关于数学的书中会看到与离婚相关的内容，但责备和责任是许多关系破裂的中心主题。如果分手是友好的，那么从根本上说这可能是缺乏责备策略的结果。

让我们来思考一个简单但又典型的情况：某个人有外遇。这并不会自动导致一段关系的破裂，所以我认为“外遇意味着离婚”并不是一个完全符合逻辑的陈述。然而，如果一个人有外遇，而另一个人无法原谅他们，那么这段关系注定会破裂。我把主角叫作亚历克丝和萨姆。我们了解到以下几个因素：

A：亚历克丝有外遇。

B：萨姆无法原谅亚历克丝。

X：亚历克丝和萨姆分手了。

萨姆和他的朋友可能会责备亚历克丝出轨。亚历克丝（和她的朋友）可能会责备萨姆不原谅亚历克丝。也许他们认为有外遇是不好的，但没有人是完美的，难道你爱一个人不应该爱她的人、她的错、她的一切吗？

事实上，当然是 *A* 和 *B* 共同导致了 *X*。但是，也许还有其他因素，例如：

C：他们都拒绝参加夫妻关系治疗。

D：他们参加了夫妻关系治疗，但是效果不好。

但是，我们首先要问的是，为什么亚历克丝会有外遇。也许因为亚历克丝是一个谎话精、骗子、一无是处的人；也许亚历克丝因为萨姆的疏忽而非常沮丧。那么为什么萨姆会疏忽？也许因为萨姆在这段关系里变得很随意，而且他就是一个懒散的、不贴心的人；也许因为萨姆遭受了家庭变故，沉浸在悲伤之中。或者因为亚历克丝生病了。那么为什么亚历克丝会生病？也许因为……

同样，我们也可以问萨姆为什么不原谅亚历克丝。也许因为萨姆是一个自私的、心胸狭窄的人，他把不合理的标准强加在他人身上；也许因为亚历克丝出轨的方式实在太伤人，根本没有宽恕的可能；也许因为亚历克丝曾以其他方式伤害过萨姆，他已经用尽了自己的善意。但是为什么又会这样呢？也许因为……

这里有一个普遍的原则：一个人做了让自己快乐的事，却给另一个人带来了痛苦。亚历克丝不开心，所以她出轨了，这给她带来了一些快乐，却给萨姆带来了痛苦。这是一种“零和博弈”，如果其中一方受损，那么另一方只能受益。我认为许多毒性关系最终都归结到这一点。也许因为亚历克丝做了一些对他们有帮助的事，但萨姆对此却只有抱怨，这让亚历克丝感到手足无措。萨姆责备亚历克丝伤害了他们，但是亚历克丝的快乐却伤害了萨姆，这又是谁的错？问题就在于这是一个零和关系。

除了严重虐待和辱骂的极端案例，其结果是情况不大可能归结为一个因素，而是归结为一个由各种因素组成的复杂网络，这些因素相互蕴涵，相互依存。我们需要理解体系，本案例中的体系就是人与人之间的关系。

教育体系

在我的观念里，教育体系充满了问题：资金的问题、期望的问题、目标的问题、标准的问题等等。我相信，教育体系的问题就是数学恐惧症的来源。教授数学的方式让很多人在学校产生了数学恐惧症。这听起来像我在责备老师，但这真是老师的错吗？为了达到强加给他们的各种强制性标准，老师承受了各种各样的压力。这些标准是通过在一定时间内完成的考试来检验的，这意味着老师不可避免地将自己的传授方式变成“应试教育”，因为他们就是依据考试成绩进行考核的。另一个问题是，人们常常期望小学老师能教授所有知识。但是，如果老师在上学期间就不是很喜欢数学这个科目，那么他们是不可能轻松地用有趣的、开放的方式来教数学的。这常常导致在小学快要结束时，孩子们就对数学失去了兴趣。这时，对于普通的小学老师来说，数学已经变得非常难了，而专业的数学老师还没有被调用。严格来说这不是老师的错，而是将要求强加在老师身上的体系的错。

家长自己对数学的态度，无论是过度地强迫还是表现出自己的恐惧，都会助长孩子的数学恐惧症。但我相信，这些态度都来自他们经历的教育体系。

联合航空的乘客

有了对关联因素的新理解，我们可以试着分析联合航空公司的乘客被拖下飞机的恶性事件。

最简单的论点归结为以下两个因素：

（1）这是联合航空的错，因为他们不合理地使用了武力。

（2）这是乘客的错，因为当他被要求离开座位时他拒绝离开自己的座位。

还有一种稍微有些不同的论点是使用暴力的是安保人员，不是联合航空的工作人员，所以应该是安保人员的错。有些人认为这实际上是联合航空的错，因为管理制度上要求乘客离开从根本上来说就是不对的。西蒙·詹金斯在《卫报》中写道：这是每个旅行者的错。在一定程度上，体系性地容忍航空公司的糟糕态度是我们的错。此外，是航空公司超售政策的错，是它使乘客错过了航班。

我认为，以下论点中有一些论点更为微妙，但实际上，这又是一个所有论点都是促成因素的案例。情况是由以下因素造成的：

（1）航班出人意料地超售了。

（2）一些机组人员需要前往路易斯维尔，去另一架航班上继续工作，所以航空公司决定将乘客从航班上转移。

（3）没有人愿意在接受赔偿然后离开飞机。

（4）联合航空决定不提供更多金额的赔偿。

（5）联合航空选择了一个特殊的乘客，要求他离开飞机。

（6）乘客拒绝离开飞机。

（7）联合航空工作人员呼叫了安保人员。

（8）安保人员使用暴力带走了乘客。

为了进一步分析这个情况，我们可能想要知道为什么航班会超售。难道当天是个假日？为什么航空公司急迫地需要将那些机组人员带去路易斯维尔？难道他们在工作人员的配置上没有留下足够的余地吗？为什么没有人愿意接受赔偿？是金额不够吗？还是人们太贪婪？为什么联合航空不提供更多的赔偿？是他们太吝啬吗？为什么联合航空选择那个特殊的乘客？他们说自己是根据航空公司精英地位和“其他因素”做出的选择，那么其他因素是什么？是种族歧视吗？他们选择一个亚洲人有什么意义吗？

为什么乘客会拒绝离开飞机？他的理由是，他是一名医生，他需要去医院轮班。接下来我们要责备医院给他安排了那个时间的工作吗？还是我们要责备联合航空从所有人中选择了一个医生，而他按时到达开展工作按理说比其他许多人更重要。

为什么工作人员会呼叫安保人员？是乘客受到了威胁还是联合航空反应过度？而且为什么安保人员要使用暴力？至于西蒙·詹金斯的

论点，似乎是在试图给出航班超售和联合航空采用令人质疑的对策的原因。

我们可以画出这个情况里的逻辑关联和流向图，如下所示：

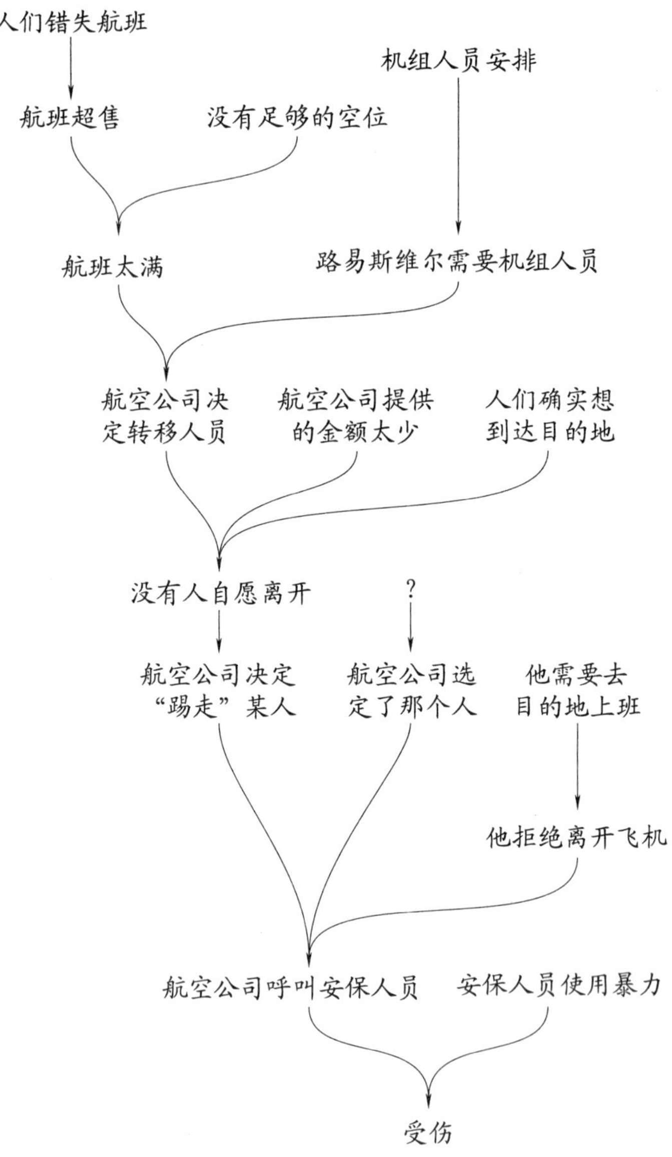

正如你看到的，仔细询问与情况相关的问题（“为什么……”）会揭示出一个复杂的因果关系网。由此我们可以看出，试图只责备一个因素是多么的过度简单化。然而，简单地指责一个因素与将情况简化为最重要的因素并不相同。我认为，识别重要的因素是强有力的理性思维的一个方面，这涉及在任何情况下，知道什么时候该停止询问或者解释“为什么”。如果要分析清楚那架航班上发生了什么，以及导致这些情况发生的所有因素，包括航空业如何在正确的时间将机组人员送往正确的地点的整个运作方式，超售航班的经济学和统计学，以及升级为暴力事件背后的心理学，那么可能会写出一整篇博士论文。然而，如果在聚会中有人问：“航班上发生了什么？我都没有听说过”，这时你列出所有的分析就不太合适了。事实上，在本章开始的部分我也没有这么做。我们都知道，如果某人讲述的故事过长，或者解释的细节比我们想要的还多，那么我们的眼神就会开始渐渐涣散。这么做虽然不是完全不合逻辑，但也不是很有用。另一方面，过度简化和忽略影响因素也不会很有帮助。在网上讨论中，一句话常常以“事实上”开始，或者以“其实就是这么简单”结束，而实际上它很少会这么简单。能对这类逻辑上的马虎起警示作用的还有一个短语——“仅此而已”，而这通常不是故事的结局。例如，我们来看看这些熟悉的评论：“这是那个人的错，因为他在被通知时没有按照要求做，仅此而已。”或者“你如果不想因为被拖下飞机而受伤，就在接到通知时离开飞机。其实就是这么简单。”或者“事实上，如果那个人遵循了机组人员的引导，他就不会受伤。”

很多情况都比这个案例复杂。如果我们试图绘制一张图表，解释2016年美国大选的结果，那么我们将会看到一个更复杂的相互关联的因素网络：

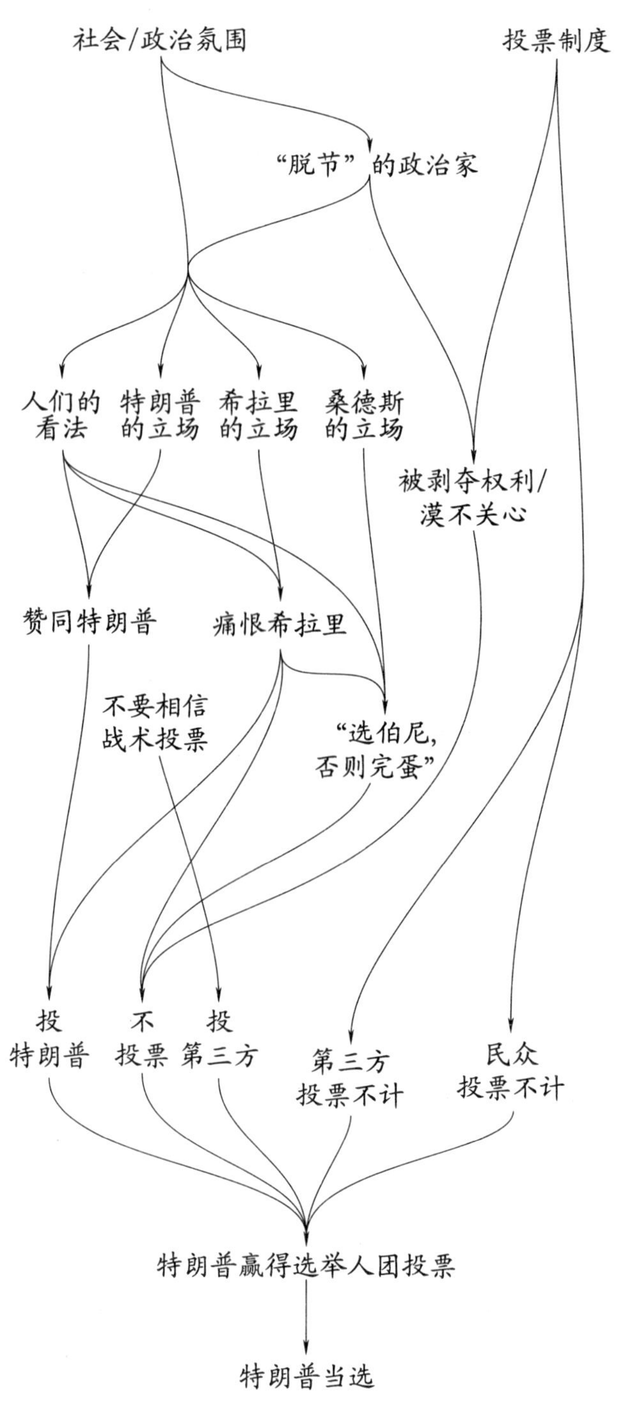
社会/政治氛围
投票制度
“脱节”的政治家
人们的看法
特朗普的立场
希拉里的立场
桑德斯的立场
被剥夺权利/漠不关心
赞同特朗普
痛恨希拉里
不要相信战术投票
“选伯尼，否则完蛋”
投特朗普
不投票
投第三方
第三方投票不计
民众投票不计
特朗普赢得选举人团投票
特朗普当选

如果我试着画出一个图来解释我为什么会增重，那么这个图将更复杂，因为出现了恶性循环，正如图中相反的虚线箭头所示。

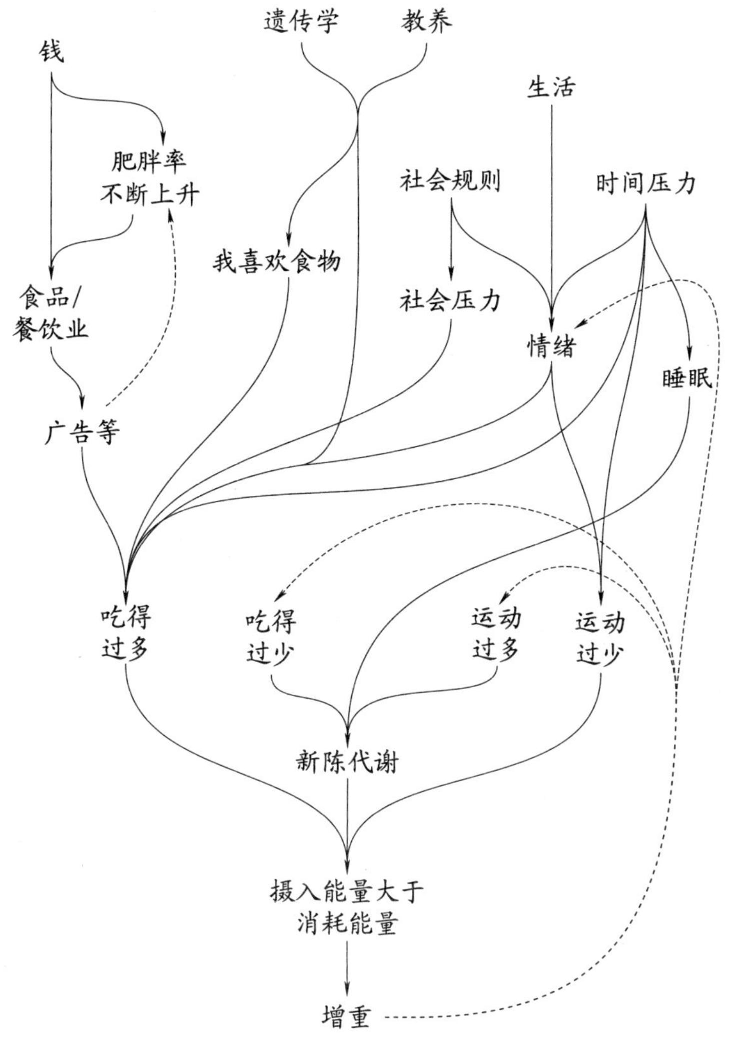

当人们争论该为某事责备谁时，常常是“和”的情况：每一个参与其中的人的特有的、符合当时情境的行为都通过“和”相连，共同导致

了某事的发生。而他们所做的事往往是由其他事物、体系或者社会中的其他压力导致的。

因此，我们应该责备谁？即便尝试回答这个问题也可能是徒劳的。更好的问题应该是：谁应该为改变这个结果负责？在所有成因相互连接的情况里，任何一个因素都能改变最终的结果。

在整本书中，我将不断重复这样的观点：作为一个聪明的、理性的人，其目标不仅应该是合乎逻辑的，还应该是有效使用逻辑的。当看到标志性语言“就是这么简单”时，我们能回答“不，不是这样的”，并提供如上所述的大型关联图。当我们理解周围复杂世界的重要一步是简化这个世界，以便更容易理解它时，这么做有使情况复杂的风险。然而，通过忽略重要因素进行简化是不公平的。让自己变得更聪明才是轻松理解事物的更好途径。我们如果变得更擅长理解互联关系和体系，就不需要再为了理解体系而将它缩减为一个简单的因素了，我们可以轻松地将整个体系视为一个单元，并且理解它。

人类的互动并不像逻辑陈述那么干净利落。但是，因为我们生活在一个相互关联的社会中，所以，我认为将这些互动内容抽象成逻辑陈述，由此发现我们通常该为所有关联的事物负全责，是具有启发性的。除非你生活在山洞里。这种情况下你可能也不会读到这本书。人们很容易指责某个因素或某个人，尤其是在可以免除自己罪责的时候，但我相信理解这个体系内的联系将会更有收获。结果往往是整个体系造成的，但我们还是可以作为个体，为改变结果负责。

第六章

关系

在上一章中我们看到，考虑整个相互作用的体系，而不是将个人或者事件分离是多么重要。把事物联系起来进行思考，是现代数学重要的基本原理。虽然这一直不是重点，但 20 世纪中叶以来，相对较新的研究已经把它带到了最前沿。我们发现，理解一个情境的关键是观察事物或者人群如何相互联系，而不是观察那些事物或者人群的内在特征。这在许多不同的层次和规格上都是成立的，上至世界中的国家如何往来，下至一段关系中的人们如何互动。

恶性循环

正如我们从上一章“我为什么会增重”的图表中观察到的，在恶性循环中检查相互作用是非常重要的。我们分离出图表中的一小部分，集中观察我的情绪和增重之间的相互作用。

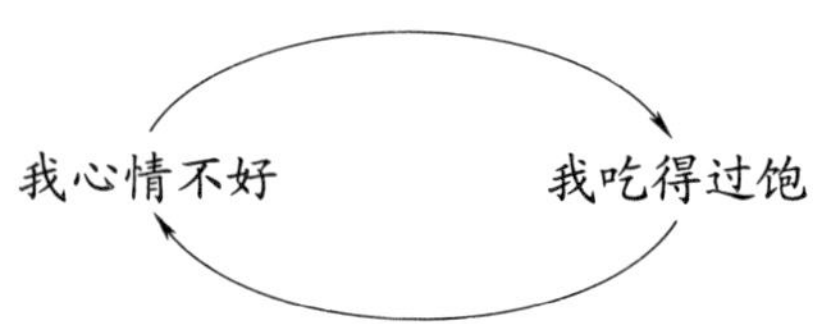

我绝对是一个情绪化的食客，当我感到压力过大、心烦或者愤怒时，我会吃得过饱。但不幸的是，暴饮暴食会使我感到压力过大、心烦和愤怒。因此，我和很多人一样陷入了恶性循环。有些人不会受到双向箭头的影响：心情不好不会导致他们吃东西，而且，他们在吃得过饱时也不会为此心情不好。只承受一个箭头也是不幸的，但这至少不会引起双向箭头共同造成的状况的升级。破坏其中任何一个可以被归类为“情感”和“行为”的箭头，都能打破循环：

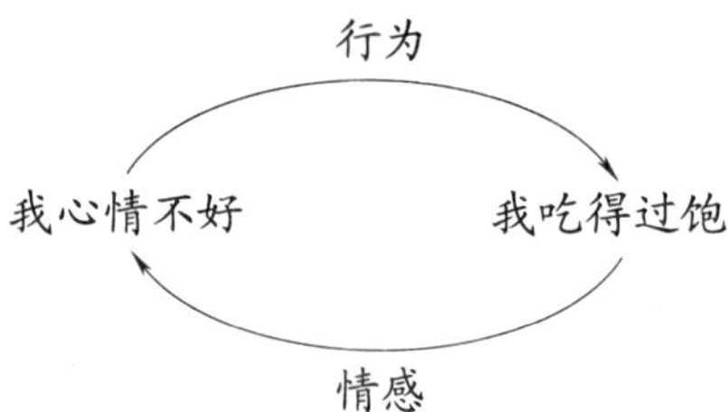

我试过破坏这两个箭头。当感到心烦时，我试着做些吃东西以外的事。此外，如果发现自己确实吃得过饱，我也试着让自己不要为此心情不好。我发现后者比前者更容易实现一些，特别是在我处于试图完成某些工作的压力下时：我可以阻止自己吃东西，但是接下来我也不会完成工作。而我对于在最后期限前完成工作太过执着，我是无法接受这样的结果的。

恶性循环中可能有更多的箭头，比如说，在典型的家庭破裂类型中，两个人之间的需求是有一些细微不同的。也许萨姆需要感受爱意，亚历克丝需要感到被尊重。当感觉到被尊重时，亚历克丝就会充满爱意；当感受到爱意时，萨姆就能对亚历克丝表达出足够的尊重。但是如果一开始就出现问题，那么情况会在下图的恶性循环中迅速升级。

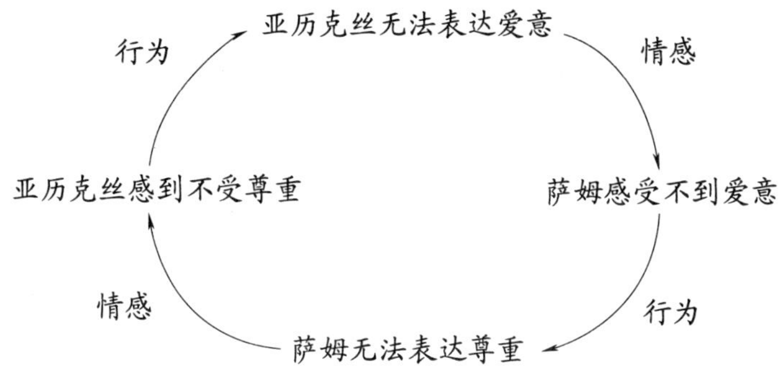

如果他们想要打破恶性循环，一种方式就是观察哪一个箭头是最容易破坏的。如上所述，箭头有两种类型：情感和行为。

他们可能觉得情感很难控制，但是行为很容易改变。这个案例的关键之处就是，要么亚历克丝表达爱意，即使她感到不受尊重；要么萨姆表达尊重，即使他感受不到爱意。当然，关于谁应该首先打破循环可能还存在争论，因为这会导致倍感委屈的人觉得自己并没有那么多过错，不应该由他们负责打破这个循环。最好的答案是，两个人都应该努力打破循环。爱默生·艾格里奇博士所著的《男人需要尊重，女人需要爱 2：爱与尊重的语言》中有一句话——谁更成熟，谁就应该打破这个循环。也许这是一个更好的答案。

同一原理的一个更具煽动性的例子牵扯到警察对美国黑人的暴行。我们用高度简化（但是可能很具启发性）的方式，将这种恶性循环总结如下：

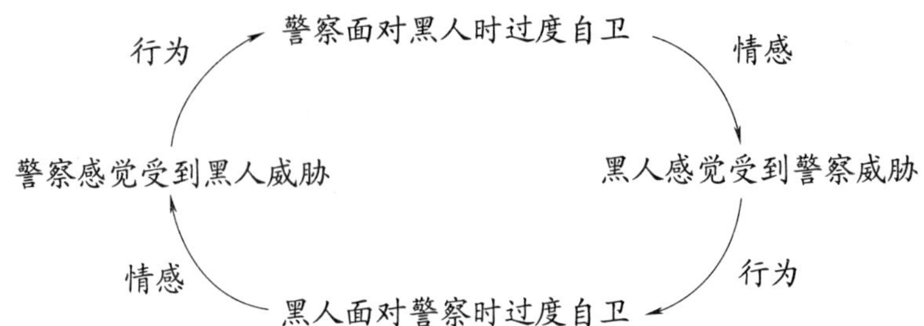

这是一个完全不同的情况，但问题是类似的：如果我们想打破循环，应该击碎哪个箭头呢？在这种情况下，改变行为是不是仍然比改变情感更容易呢？许多人认为，黑人应该简单地“做警察要求的事情”。但悲惨的是，有许多证据确凿的事例显示，即使黑人做了警察要求的事情，还是会被警察射杀。

另一些人认为警察应该接受培训，以削弱所有的暴力情形，而不是用反击作为回应。有一个观点是：谁掌握权力，谁就应该负责打破循环。一些成功的项目侧重于通过促进警察和黑人群体之间的关系来改变两个“情感”的箭头。

在所有案例中，这都是一个循环，声称只有一个根本原因是将其过度简化了，除非我们知道这个循环本身是根本原因。我认为理解这一点是非常重要的。

范畴论

范畴论是现代数学的一个领域，它把事物之间的关系带向了前沿。在这种理论中，思考的框架是从决定我们要关注的对象和关系开始的。例如，当考察公司里的员工时，我们可以考虑年龄，或者服务的年限，或者他们在公司层级中的位置。这里的每一个因素都会让我们产生一种不同的思考方式来考虑相互作用。然后，我们就可以思考我们从这些不同的“透镜”里发现了什么。例如，我们可能会发现，当某人处于公司的高层，但年龄却较小时，其他人就会产生敌意。

在范畴论里，数学家发现，重视事物间的联系往往比孤立地思考事物更具阐释力。让我们回到数字上来。如果要写出 30 的因数，那么我们会得到下面一组数字：

1，2，3，5，6，10，15，30

那些几年前在无聊的数学课上勉强记得这几个数字的人们，再看见这些因数可能会不寒而栗。事实上，我也认为一行数列是很无聊的。我们生活在一个纯粹的三维世界里。因此，在二维的纸面上以一维直线的方式书写是非常受拘束的。当我们的思想在高维空间中具有自然几何形状时，我们常常将其强行展示于一维空间。我想说的是，这就是我不整理桌面上文件的原因——它们在所处的三维空间中有自然的几何形状，其位置是根据它们的主题、重要性、时间表等相互之间的关系来确定的。至少，这是我的借口。

通过思考哪些因数也是彼此之间的因数，我们可以在 30 的因数中找到一些关系。我们可以给它们画一些类似家谱图的图表，于是我们得到下图：

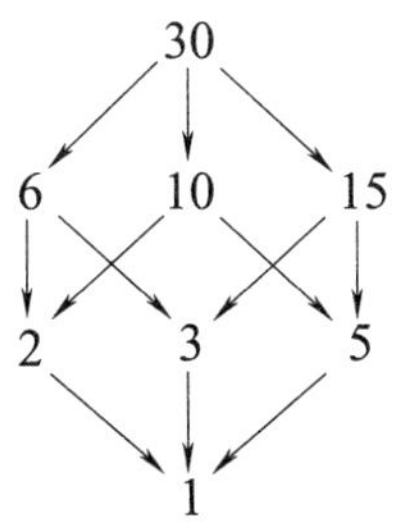

现在，我们看到这幅图具有立方体的结构——一个比在直线上列出一些数字更有趣的结构。接下来，我们可以考虑图中这些数字的层级结构。最底部为 1，然后是接下来最小的三个因数，然后是再接下来最小的三个因数，顶端为最大的数字。然而，这种结构并不是因为数字的大小，而是因为哪些数字是质数而产生的。

在第二级中，我们有因数 2、3 和 5，因为除了 1 和其本身，它们不能被其他数整除。也就是说，它们是质数。（回想一下，质数就是在大于 1 的自然数中，那些只能被 1 和其本身整除的数。）下一级的数字是每两个因数的乘积：

$$6 = 2 \times 3$$

$$10 = 2 \times 5$$

$$15 = 3 \times 5$$

最终，顶端的数字 30 就是这三个质数的乘积：

$$30 = 2 \times 3 \times 5$$

事实上，产生这种结构的原因是 30 是三个不同质数的乘积。我们可以选择另一个也是三个不同质数乘积的数字，并且做类似的处理。于是我们更清楚地看到，层级结构只与质因数有关，与数字的大小无关。例如：

$$42 = 2 \times 3 \times 7$$

42 有如下几个因数，按照大小顺序排列可得：

1，2，3，6，7，14，21，42

如果像上文一样把因数排进图中，可以得到下图：

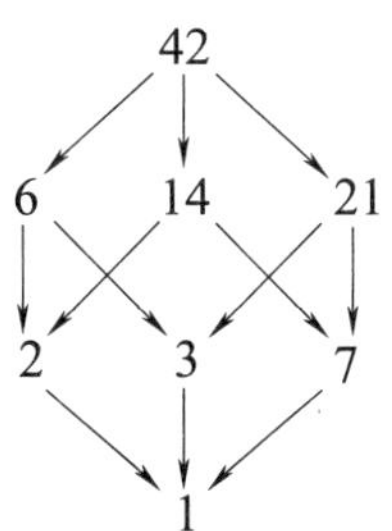

现在我们看到，1 的上面一层数字不再是接下来最小的三个数字：这一层中有数字 2、3 和 7，因为它们是三个质因数。数字 6 虽然比 7 小，但是 $6 = 2 \times 3$，它有更多的质因数，所以 6 在更上面一层。

因此，我们发现，这个图表的层级结构与根据数字的大小形成的层级结构是不同的。我们如果还想呈现体现数字大小的层级结构，就必须把图表做如下倾斜，使其成为一个长方体而不再是一个立方体：

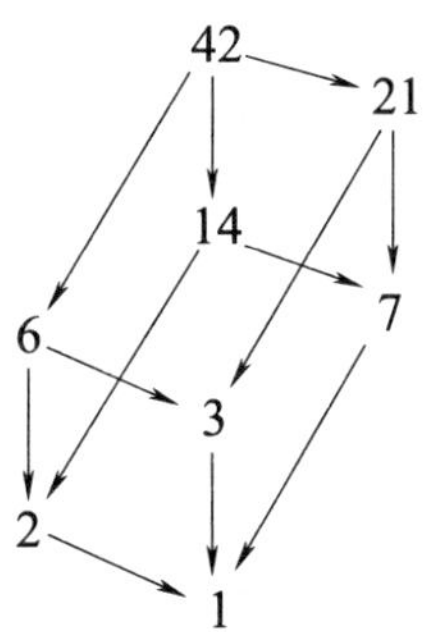

这可能看起来只像是在摆弄数字，但如果我们采取更抽象的一个步骤，那么它的适用范围会突然变得具有相当广泛的可应用性。我们可以看到，层级结构来自所有数字的质因数，如果我们把每个数都写成质因数的集合，而不是数字本身，情况就会变得更加清晰。以数字 30 为例，我们得到下图：

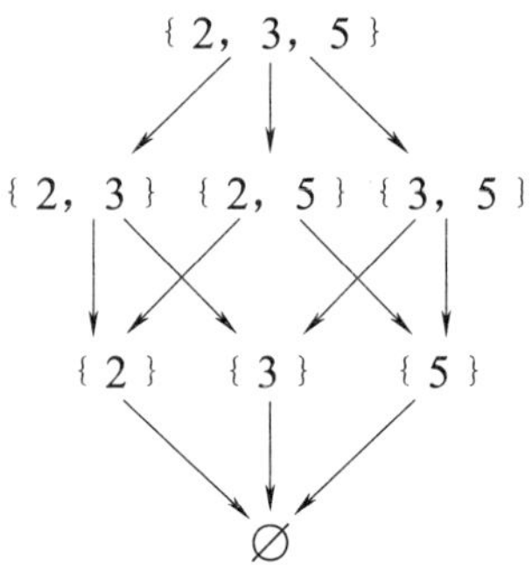

如果把每个位置上的数字相乘，我们将回到之前的因数图。因为数字 1 没有任何质因数，所以这里用 Ø 来表示 1 的质因数。①

对于数字 42，我们可以得到下图：

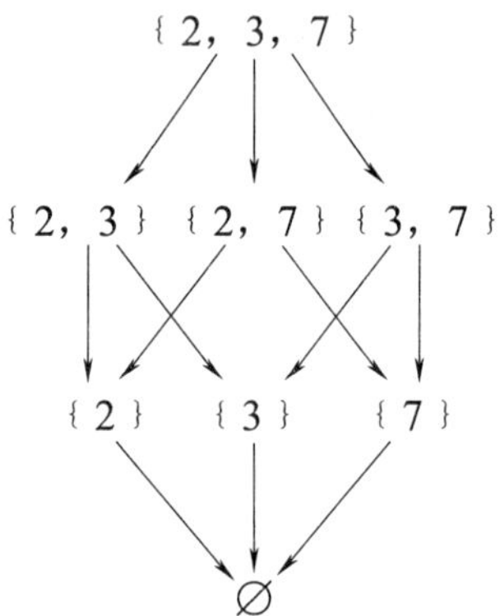

对比这两幅图，我们发现第一张图中的所有 5 在第二张图中都变成了 7。事实上，箭头现在呈现的是从集合中删去一个元素的过程，因此一个箭头从 {2，3} 指向 {2}，删去了数字 3；还有一个箭头指向 {3}，删去了数字 2。以此类推。

现在，这些数字具体是什么已经不重要了——任意三个对象 a，b，

①符号 Ø 是空集的标准符号。从技术上讲，我们有理由认定“没有质因数的数字的乘积”为 1。

c 的集合都适用于该图表。因此，我们得到更抽象的集合间的关系图：

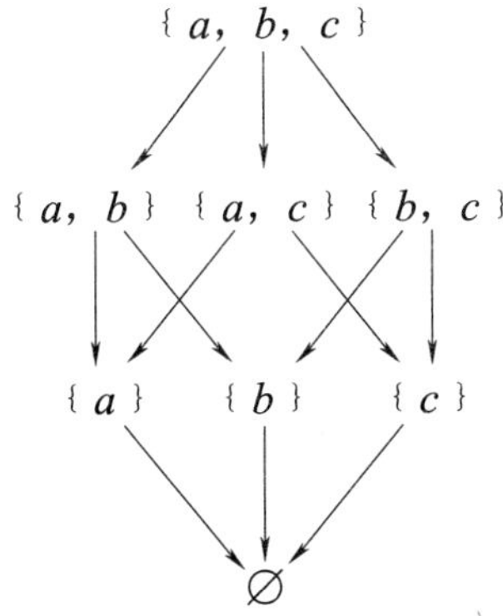

现在，我们可以用任意三个事物来检验这个图表，而这就是框架变得非常广泛适用的地方。

特权

我们考虑三种特权：富有、白人和男性。接下来，在上一张子集图的基础上，我们得到如下关系图：

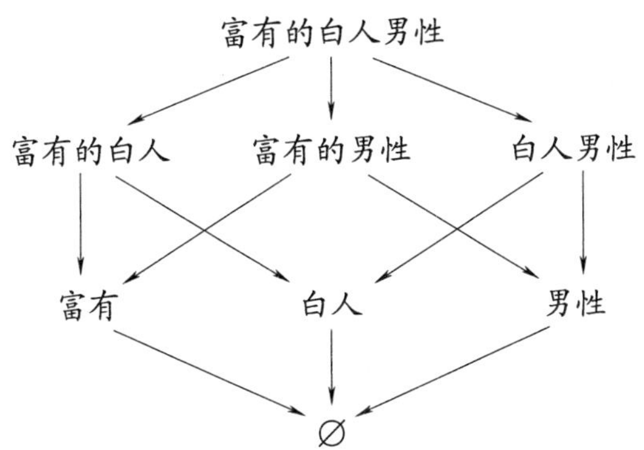

现在，我们可以在后面加上完整的描述，以强调：对比男性和非男性，白人和非白人，富有和贫穷。我们得到如下图片：

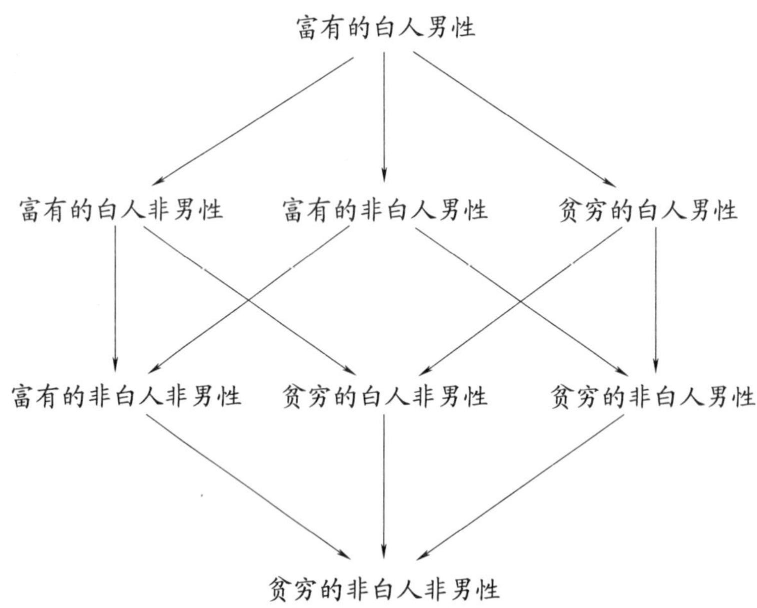

我们首先注意到的是，这是一个层级结构，其中层次体现的是特权的种类数量，而不是特权的实际数量。因此，对于我们讨论的特权种类，顶层的人群有全部三种特权，下一层的人群有两种特权，再向下一层的人群只有一种特权，而底层的人群一种特权也没有。

需要注意的另一点是，箭头表明直接失去一种特权，其中每个方向的箭头代表一种类型的特权。所以，垂直的箭头表明移除了白人的特权，除此之外，箭头上下两个人群具有相同的其他属性。这是有关特权的重要方面：所有的白人并不一定比所有的非白人拥有更多的特权。比如说，从本图中我们发现一个事实，富有的非白人男性比贫穷的白人非男性层级更高。事实上，正如我们第四章讨论的，有些人指出美国存在超级富有的黑人运动明星，并且声称这证明了“白人特权不存在”。然而，白人特权的概念并不意味着任何人都可以声称“那些超级富有的运动明星比贫穷的、无家可归的白人女性更穷困潦倒。”它只意味着，如果这些体育明星取得同样的成就，但同时又是白人，那么我们估计他们在社会中的地位会更高一些。这同样与我们之前讨论的警察针对黑人的暴行案例有关。一些人争论说，悲剧的发生是因为受害者做错了某些事，而不因为他们是黑人。但是，如果白人做了相同的事（或者更糟的事）却没有被射杀，那么这就是白人特权发挥作用的证据：如果所有的情况都一样，除了人由黑人变成白人，那么事情的结果将会有所改善。

我们可以从这张图里学到更多信息。就像42的因数图一样，本图的层级结构与特权绝对数量的层级结构之间存在差异。如果检查图中的第二行，我们会注意到，第二行中的三组人在社会中并不具有相同的地位。例如，很多人会争论说，富有的白人女性比富有的黑人男性具有更高的地位，而富有的黑人男性在社会中的境况又比贫穷的白人男性更好（不仅仅是在财富方面）。事实证明，金钱对缓解其他问题大有帮助。此外，虽然与男性相比，女性仍然面临一些劣势，但是白人女性早在黑人（当然是在美国）之前就被赋予了一定的社会地位，而这段历史给社会留下了持续不断的遗留问题。

无论如何，我们的目的不是检查不平等的历史原因，而是观察情况的逻辑性。我们将图表倾斜，以表明第二行中的三组人群是不平等的，第三行也是如此。但是，我们可以更进一步。我们不仅可以比较每一行中的绝对特权，还可以比较不同行之间的特权。可以说，财富的特权超过了非白人和非男性的特权。例如，如果考虑富有的黑人女性，我们很容易推断她们的处境比贫穷的白人男性更好。举一些极端的例子，我们可以考虑奥普拉·温弗瑞和米歇尔·奥巴马，将她们与贫穷的、失业的白人男性做比较。因此，这个图会更加倾斜，可能就像这样：

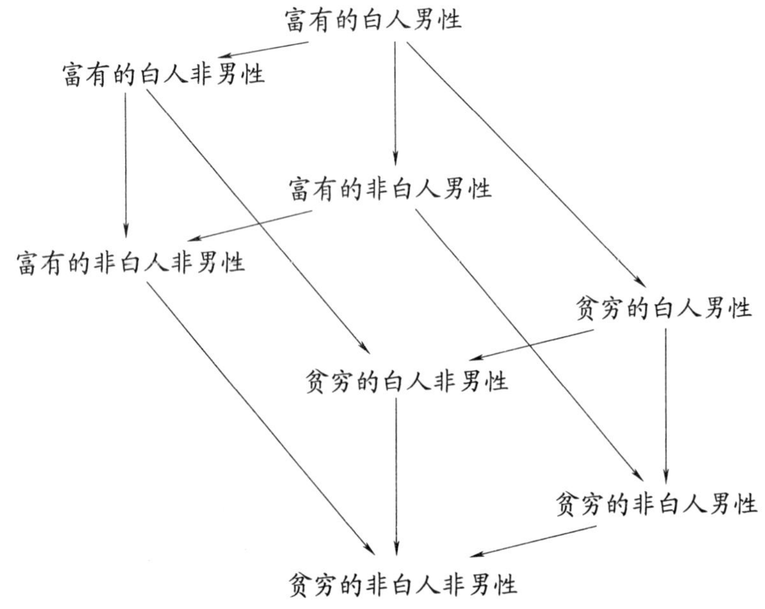

这张图显示了两种不同的衡量相对特权的方式之间的差异：箭头体现了特权种类的数量，在页面中的高度体现了整体特权的绝对数量。这两个观点之间的分歧引起了敌意。尤其是，为什么一些贫穷的白人男性在当前的社会政治氛围里如此愤怒，这里提供了一个基于逻辑的解释——因为从特权种类数量（白人且为男性）的观点来看，他们是有特权的。但在现实中，他们拥有的优势要小于那些拥有的特权种类数量少于他们的人。理解这种抱怨的根源比简单地对它们生气更有效。对于白人中的其他弱势群体（任何不富裕的、非顺性别的、同性恋的、身体不健全的，以及缺乏其他我们能想到的特权的白人）也是同样成立的。

关系图也有助于我们将注意力放在正在考虑的背景上，而且这么做能够帮助我们改变背景，进而清楚改变背景是如何影响相互关系的。例如，我们不再将“富有、白人、男性”当作三种属性，而是把背景改为女性，然后把“富有、白人、顺性别”当作三种特权类型。暂时把绝对特权的问题放在一边，这会时产生一个类似的特权立方体，如下所示：

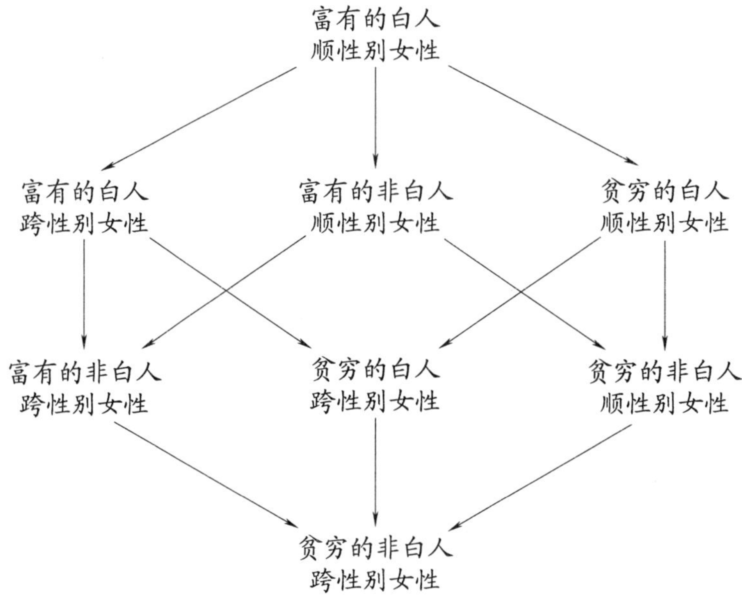

现在，我们发现富有的白人顺性别女性占据了图中的顶端位置，与之前特权立方体中的富有的白人男性相同。这有助于我们理解，为什么在那些感到被主流女权主义排斥的女性活动人士中，有那么多人对富有的白人顺性别女性有敌意。富有的白人顺性别女性也许认为自己处于劣势，尤其是生活在一个完全由富有的白人组成的世界里的时候。但是与此同时，在女性或者女权主义的背景下，她们又被视为享有最高特权的人。

下面这些问题会变成一场争论，即女性团结一致是否等于抹去了处境最不利的女性的经历？从其他的角度来看，这也会变成另一场争论，即考虑某些女性更大的劣势是否等于引起女性之间的争斗，而不是真正的反抗。

范畴论告诉我们，清楚自己思考的背景是什么往往很重要。每个人都是在某些背景下是享有特权的，而在其他背景下是被剥夺特权的。当一些人倾向于认为他们处于一种自己被低估（一个受害者）的环境中，而另一些人倾向于认为他们处于一种自己被高估的环境中时，敌意就会产生。我们需要找到一些方法，将一种类型的特权赋予某人，而不使他们对另一种特权类型的劣势感失效，因为这种失效会造成愤怒、敌意、分歧以及抗拒改变。相反，转换背景的可能性应该放在结尾。我们将在第十三章中更深入地讨论这个问题。如果我们都能变得更加善于从特权和非特权的角度来看待事物，那么我们不仅能够更好地理解弱势群体的斗争，还能理解导致偏见和压迫的行为，无论这些行为是恶意的还是无知的。

第七章

•

如何成为正确的一方

•

我们如何通过限定自己的范围来达到更高的准确度

在可爱的定格动画《小鸡快跑》中，口齿伶俐的美国公鸡洛奇和狡猾的商人老鼠达成交易，老鼠将支付“洛奇这个月产出的所有鸡蛋”。老鼠虽然狡猾，但他对鸡类不是非常了解，因此他没有意识到公鸡并不会下蛋，所以洛奇这个月产出的鸡蛋总数将会是零。洛奇告知老鼠他会交出“所有”的鸡蛋完全是真实的，因为“所有”恰好是零。勇敢的母鸡首领金婕非常生气，她认为洛奇是不诚实的。洛奇确实误导了老鼠，但就逻辑而言他并不是完全不诚实的，他只是在暗示或者情绪方面不诚实。

当某些人情绪突然爆发，哀号“男人就是性别歧视的猪”时，情绪—逻辑反转的情况出现了。她们的意思是所有男人都是性别歧视的猪吗？这看起来太极端了。她们的意思是大部分男人是性别歧视的猪吗？这还是有一些夸张了。也许我们可以赞同有些男人是性别歧视的猪？现在，这是一个正确的表述了，但它变得非常枯燥乏味——难怪恸哭者更喜欢戏剧化的爆发。

实际上，她们的意思可能是："我今天已经遇到足够多的男人，他们都是性别歧视的猪，我真是受够了！"虽然这种说法比较冗长，但是更为精准。这种说法听起来还有点儿迂腐，但也许它真的是有阐释作用的：它传达了一种真实的情绪反应，那就是实际上发生的事情让你受够了。然而，为了表达这种厌倦情绪，你会很容易地说出"所有男人都是性别歧视的猪！"但是，这可能会引起某些人的争论，他们认为不是所有男人都是性别歧视的猪。在这个事例中，你表达了真实的情绪，但逻辑却是不准确的。这么做就是在诱使某类人反驳你的逻辑，而不是抚平你的情绪。

某些人在指责自己的伴侣时，会说"你从来都不洗碗！"或者"你总是把厨房弄得一团糟！"这类爆发是一种自取灭亡的形式。这些陈述的逻辑反驳很容易达到目的：

- 陈述：你从来都不洗碗！
  否定：我洗过一次碗。

- 陈述：你总是把厨房弄得一团糟！
  否定：有一次我没把厨房弄乱。

当然，概括性陈述并不是它字面上的意思。更准确地说，它的意思很像下面这些陈述："我感觉你洗碗的次数远远少于你应该承担的那部分，少到可以忽略不计。因此，我感到非常沮丧、疲惫，而且不被认可。"或者"我觉得你经常把厨房弄得一团糟，打扫'战场'成为我巨大的负担，我真的是厌倦了！”

这种陈述不仅更准确，而且说出的事物更具成效，不再是愤怒的概括性陈述。

概括性陈述

人们喜欢做概括性的陈述。瞧瞧，我自己刚刚就这么做了。我表达的是什么意思？是想说所有人都喜欢做概括性陈述吗？还是想说有些人喜欢做概括性陈述？后面的陈述肯定是正确的，但很难成为一个掷地有声的论点。我的意思是大部分人都喜欢做概括性陈述吗？我认为我知道的每个人都喜欢，但我只遇见了人类中的一小部分。所以，事实上我只能说：“我认识的所有人都喜欢做概括性陈述。”现在，我优化了我的陈述，使它不那么含糊不清，因此更有理由使用逻辑。我的处理方法就是细化范围。细化范围意味着把你关注的对象的世界精确化了。

“莫扎特的作品比勃拉姆斯的作品更无聊”是一个很多人都会反对的概括性陈述。然而，“在我看来，莫扎特的作品比勃拉姆斯的作品更无聊”就是一个与我品位有关的陈述了。因此，没有人能从逻辑上反对它。我们甚至可以更准确地说：“在我看来，莫扎特的绝大多数作品比勃拉姆斯的绝大多数作品更无聊。”此外，我可能会想到莫扎特的一首作品，认为它没有勃拉姆斯的一首作品那么无聊——例如，我不是勃拉姆斯第二交响曲的狂热粉丝，但是，我却很喜欢莫扎特的《共济会葬礼音乐》。虽然，我做出了概括性陈述“巴黎的马卡龙比芝加哥的马卡龙好很多”，但是，我表达的意思是“以我的经验，我在巴黎买的每一个马卡龙都比在芝加哥买的每一个马卡龙要好”。这么说虽然苛刻，但是准确。同样，除了我，任何人都不可能从逻辑上驳斥它。

“几乎所有”是限定词的一种形式，限定词有一整套相关的词语，例如“大部分”“一些”。如果用这些词来限定陈述，同时还可能加上“以我的经验”，那么你几乎可以永远不犯错。（明白了吗？）“也许”“或许”“大概”“可能”都是有效的。用这些词语精心修饰的陈述在其正确性上是非常精准的，但它们却无法成为优秀的标题。所以不幸的是，媒体往往喜欢夸大一切。“新研究表明，糖会致癌！”这是多么骇人听闻的标题，但是你如果仔细看这项研究，就会发现，它其实表明的是：有一些证据显示，糖的消耗和癌症之间可能有某种形式的联系。我们也可以加上“似乎”，如“似乎在糖和癌症之间可能存在某种形式的联系”。

在某人陈述中寻找真相比迂腐地证明他们是错误的更具成效。我认为这是一个关于慈善原则的例子。在这个例子中，你总是试图把每个人都想成最好的。通过使用正确的限定词在某人的概括性陈述中找到真相，可以更好地理解人们试图表达的内容以及分歧来自何处。

例如，在有关顺势疗法的典型论证中，有些人说没有证据表明顺势疗法是有效的，而另一些人坚持认为顺势疗法让他们感觉好多了。这些陈述背后的真相可能是没有科学研究能表明顺势疗法比安慰剂更有效。而且，坚持认为顺势疗法对自己有效的人们，也许是受益于安慰剂效应的。人们已经证实，安慰剂效应确实比什么都不做更有效。因此，反对顺势疗法的人们是用安慰剂与顺势疗法做比较，而支持顺势疗法的人们是用什么都不做与顺势疗法做比较。“不比安慰剂有效”并不与“比什么都不做有效”相矛盾，所以这里不存在逻辑上的分歧，也许只是一个关于是否值得为“仅仅是”安慰剂的东西付钱的情绪上的分歧。

逻辑的必然性

用基本的逻辑处理这些细微差别并不比我们在情感爆发时做得更好。我们已经讨论过灰色地带，也讨论过基本的逻辑迫使我们把所有的灰色地带推向一边或者另一边的方式。当涉及限定陈述时，我们可以采取两种逻辑上非常明确的方式：

（1）在你的世界中，所有事物都是符合陈述的。可能“所有的数学家都很难相处”。

（2）在你的世界中，至少有一个事物是符合陈述的。可能是“至少有一个数学家是和善的”。（希望我被算在其中。）

对比下面两个陈述：

在美国，每个人都很胖。

在美国，有人很胖。

基本的陈述涉及肥胖。“在美国”将范围从整个世界缩小到美国，然后我们说，我们是在谈论这个范围内的每个人，或者仅仅是某个人（至少一个人）。如果有两个人肥胖，那么“有人很胖”依然是正确的。

同往常一样，把这些陈述转化成正式语言的方式有些棘手，因为这需要比流畅的、灵活的口头语言更严谨的事物。在形式上，这两个陈述应该使用“对于所有”和“存在”来呈现，如下所示：

在美国，对于所有人 X，X 很胖。

在美国，存在一个人 X，这个 X 很胖。

在正常语言中，这听起来很迂腐，但是在正式的数学中，这令事物更易于操作。在数学中，“对于所有”和“存在”被称为量词，它们量化了我们陈述的范围。

洛奇的蛋

在洛奇承诺把自己所有的蛋都给老鼠的例子中，因为“所有”恰好为零，所以它是满足“对于所有”这一条款的。虽然这在逻辑上是严格成立的，但是看起来像个骗局。这种情况被称为空洞真理，或者空洞地满足条件。我们来考虑如下陈述：

房间里的所有大象都有两个头。

这听起来是（而且确实是）一个荒谬的陈述，但在我此刻所处的房间里情况却完全属实。除非你在读这句话的时候是在动物园，否则这在你所处的房间里可能也是真的。房间里根本没有大象，所有的（零只）大象都有两个头。这与一个事实有关：从逻辑上讲，谎言意味着一切。你可能会遇见某个人，他令人难以置信地声称自己是亿万富翁。你可能会惊叹道：“如果你是亿万富翁，那么我就是示巴女王！”实际上，这意味着你完全肯定这个人根本不是亿万富翁。如果一个谎言是真实的，那么真相和谎言就变成了相同的事物。这意味着不仅每个事物都是真实的，而且每个事物都是虚假的。这不是一个非常有用的情况。

不是每个人都很可怕

现在，我们可以重新审视自己的情感爆发了，“所有男人都是性别歧视的猪！”从技术上讲，这是个“对于所有”的陈述：

> 对于男人集合中的所有 X，X 是一个性别歧视的猪。

因此，反驳这个陈述，你必须证明在这个男人的集合中存在某个人，他不是性别歧视的猪。所以，对上一个陈述的否定如下所示：

> 在男人集合中存在 X，这个 X 不是性别歧视的猪。

这意味着你只需要找到一个男人，只要他不是“性别歧视的猪”，你就可以否定上一个陈述。我的朋友格雷戈绝对不是一个性别歧视的猪。（不可否认，除了把你介绍给他，我也无法真正证明这一点。）

我最喜欢的一个数学笑话是这样的：

> 三个逻辑学家走进一个酒吧。酒保问：“每个人都要啤酒吗？”第一位逻辑学家说：“我不知道。”第二位逻辑学家说：“我不知道。”第三位逻辑学家说：“是的。”

关键之处是酒保询问了一个“对于所有”的问题，这三个人作为逻辑学家，知道如何正确地验证和反驳这个问题。情况有两种：

- *A*：三位逻辑学家全都想要啤酒。

- 非 A：有一个逻辑学家不想要啤酒。

第一位逻辑学家的答案是“我不知道”，这意味着他肯定想要啤酒。否则，他就会知道有一个逻辑学家是不想要啤酒的。

同样，第二位逻辑学家肯定也想要啤酒，否则他就会知道有一个逻辑学家是不想要啤酒的。然后，第三位逻辑学家可以代表“每个人”回答问题，因为他也想要啤酒。

就像许多数学笑话一样，这其中是有真理元素的，对此我觉得有些讨人喜欢。我和数学家相处了足够多的时间，我知道这种精确度可能会影响他们的正常生活。如果普通人想要啤酒，那么他们可能只会回答“是的”，即使这在技术上并不是正确的答案。这是迂腐吗？事实上，这对逻辑学家来说是很有启发性的，因此可能它还仍然勉强站在精确这一边。

所有的数学家都是难以相处的

概括性陈述非常接近刻板印象，如果你不对反例的可能性持开放态度，或者对手头的具体情况没有回应，却对其概括性陈述做出回应，那么这是非常危险的。我经常抱怨流行文化中对数学家的刻画，因为他们通常被描述成难以相处的男性，非常不擅于社会互动，而且可能很神经质。最近有人对我说：“是有这么回事，但是数学家就是那样的！”这听起来和“所有数学家都是难以相处的”一样令人难以接受。我一点儿也不喜欢这样，因为我是一名数学家，而且我相信我不是难以相处的。因此，我的存在就是对下面这个论点的驳斥：

> 对于数学家集合中的所有 X，X 是难以相处的。

如果有人在遇到我之后对我说：“所有的数学家都是难以相处的。”那么对我来说，他们是在暗示要么我不是数学家，要么我很难相处，因为这是唯一一个能将我的经历与蕴涵相融合的途径：

> 成为一名数学家意味着难以相处。

要么他们认为我是数学家，所以他们一定认为我很难相处，在这种情况下我会生气。要么他们不觉得我难以相处，在这种情况下，他们一定会认为我不是数学家，对此我也会生气。还有一种可能性，他们认为我虽然不是数学家，但仍然很难相处，对此我表示双重气愤！

这听起来像是过度分析，但是这很像精确和迂腐之间的差异。分析和过度分析之间有什么区别呢？有时，人们对我说：“你过虑了。”我常常想回答：“不，是你考虑不足！”我认为区别就在于启发性：如果这么做有助于我了解某些事，那么我认为这不是过度分析。在这个案例中，当人们将这些有关数学家的概括性陈述强加在我身上时，这种分析对于准确地理解我为什么会如此沮丧是非常有帮助的。

不存在

想象一下，我提出：“每一个理科女生都被她们导师骚扰过。”在一个科学界女性讨论小组活动中，我确实听到有人这么说。假设你想指出这个陈述是错误的，你需要做什么？你只需要找到一个理科女生，这个女生没有被自己的导师骚扰。例如我。

然而，如果我说："有些理科女生被她们的导师骚扰过"，而你此时想证明这是错误的，那么你需要做的事会更困难——你必须对每一个理科女生的情况进行核实，并且确定没有人曾遭受她们导师的骚扰。不幸的是，这将是不可能的。

在第一种情况下，你正试着否定一个含有"对于所有"的陈述。在第二种情况下，你在否定一个含有"存在"的陈述。

我们有下面这些否定：

（1）**前提**：所有理科女生都准时入学。

原始陈述：对于所有理科女生 X，X 被她们的导师骚扰过。

否定：存在一个理科女生 X，这个 X 没有被她的导师骚扰过。

（2）**前提**：所有理科女生都准时入学。

原始陈述：存在一个理科女生 X，这个 X 没有被她的导师骚扰过。

否定：对于所有理科女生 X，X 都不曾被她们的导师骚扰过。

"对于所有"和"存在"，这两个量词通过否定关系密切地联系在一起：当你否定包含其中一个量词的陈述时，你会得到包含另一个量词的陈述，就像使用"和"与"或"的情况一样。

如果把量词加入我们的逻辑语言，那么我们现在会得到所谓的谓词逻辑，或者一阶逻辑。"谓词"这个词是用来区别"命题"的，后者是不含量词的。"一阶"有别于逻辑的高阶版本，后者在量词的使用方式上更复杂。[①]

①基本的量词只能在集合上进行量化，也就是说，你只能说"对于某一集合中的所有对象"。你不能对对象的集合进行量化，因为这是更高阶等级的表达，而且会造成自我指涉的问题。这两者之间的差异是技术性的，我们将在第九章讨论悖论时再回到这个观点。

你可以永远是正确的一方

你如果能非常精准地量化自己的陈述，就可以确保对于任何事物都不会出错。这就是我作为一名数学家，别人非常讨厌跟我争论的原因之一：我非常谨慎地使用了足够的量词，因此我几乎是不可能出错的。我们已经看到一些使用量词的方法，例如使用如下短语：

在我看来……

以我的经验……

也许我们可以再增加一些东西，比如

可能……

有时……

似乎……

最近，我接受了一个采访，在采访中我很惋惜那么多的数学课只给人们留下了微乎其微的影响，除了数学恐惧症——学生们并不记得太多实际的数学知识，大多只记得恐惧感。在这种情况下，教他们数学就是在浪费时间和金钱。更糟糕的是，这实际上产生了负面影响。因此，如果完全不教他们数学可能还会取得一个比较好的结果，因为那样是零影响的，总比负面影响要好。不幸的是，各种各样的推文冒出来声称我说过“教数学就是在浪费时间和金钱”和“如果完全不教数学，我们会过得更好”。事实上，我说的是：在有些情况下，教数学是略微有些浪费时间和金钱的。在这些情况下，我们完全不教数学可能会更好。限定词比比皆是！

我的博士生导师马丁·海兰德是一位出色、睿智、严谨、富有启发性的博士生导师，他在自己的学生中以惯用“在某种意义上”作为开场白而闻名。“在某种意义上，莫扎特的作品比勃拉姆斯的作品更加无聊”是另一种修正概括性陈述“莫扎特的作品比勃拉姆斯的作品更加无聊”的方法。再比如“在某种意义上，教数学是对时间和金钱的浪费”这句话有一个绝妙之处，它会让人们把注意力集中在它的意义到底是什么上。在这个意义中，某些事物是正确的。这提醒了我们所有人，数学不仅能帮助我们找到正确的答案，还能帮助我们找到事物在哪种意义上可能是正确的或者错误的。

我相信，成为理性人类的有效方法是寻找在哪种意义上事物是正确的，而不是简单地决定它们是正确的还是错误的。有些人可能会用严格的逻辑术语说出一些不真实的东西，但是，也许他们真的想说些别的东西——一些带有强烈情感内容的东西。如果我们是聪明的人类，而不是没有情感的智能机器人，我们应该听听。

第二部分

逻辑的极限

第八章

真相与人类

如何接近、传递和接收真相

我们已经看到了逻辑在形成缜密的、明确的理由上的力量。现在，我们要讨论这个力量的极限。承认这些极限是非常重要的，而且我们不能假装逻辑是所有事物的最终答案：它确实不是。

当你发现自己的自行车不能飞时，你会把它扔掉吗？不。自行车是一个绝妙的发明，只要你在使用它的时候不试图超越它的极限，或者超越你的极限。在高速公路上或者在珠穆朗玛峰上骑自行车可能都会不太顺利。对我来说，在高峰期骑自行车是一个可怕的主意，但是对那些骑车技术比我好的人来说，这是一个避开高峰的好方法。有时在交通高峰期，你甚至可以比汽车更快。这的确需要付出更多的努力。但是，如果你喜欢健身，或者你想要燃烧自身的脂肪而不是把汽油当作燃料，那么你也许会认为骑自行车是一件好事。

逻辑也是有极限的，尤其是在我们这个混乱的、人性化的、美丽的现实世界中。这并不意味着逻辑是失败的，也不意味着我们在某些情况下应该放弃逻辑。但是，这确实意味着我们不应该将逻辑推到它的极限以外。更确切地说，我们应该理解这些极限，并且理解当我们超出纯粹逻辑范围的时候，我们能够做什么。理解逻辑如何以及为什么会有极限将是本书第二部分的主题。

我将首先讨论一些不太令人舒服的事物：事实上，数学证明在某种程度上是一种社会建构。因此，生活中的逻辑辩护注定也是如此。这似乎与我所说的数学完全根植于逻辑的说法背道而驰，但情况远比这微妙得多。

在第二章中，我们开始讨论逻辑没有起点这个事实——它必须从某个地方开始，而开始的地方必须是我们假设的一些真相，这些真相是无可争辩的。我们将这些真相称为公理，它们是逻辑极限的一个方面。在第十一章中，我们将讨论如何提出这些公理，因为公理必须是通过某些其他的方式，而不是通过逻辑来提出的。

逻辑的另一个极限是结束——我们什么时候停止为某些事物辩解？数学证明完全立足于逻辑，所以它们肯定不会违背逻辑。但是，出于两个原因，严格的逻辑证明是不可能写出来的。一个原因是，人们使用的逻辑取决于逻辑规则，而这些规则从何而来呢？我们必须假设一些逻辑的规则，而这甚至从一开始就需要使用逻辑。我们将在下一章回到这个悖论。

即使我们已经同意接受逻辑的基本规则，想要写出严谨的逻辑证明仍存在另外一个问题：在一定的（甚至是很低的）复杂程度等级之外，完全严格地写出逻辑证明是根本不切实际的。而且即使我们能够做到，这些逻辑证明也是没有启发性的。所以，我们应该做些什么呢？我认为，我们可以观察一下数学家是如何说服对方相信自己的论点的，然后将这些想法扩展开来，以便在这个更广阔的世界中，向他人证明自己的论点。单凭逻辑本身是不够的。我们做的事情有点像陪审团的审判。

陪审团的审判

当逻辑不够强大时，它就会达到极限。逻辑不够强大的一个方面出现在我们根本没有足够的信息或者时间的时候，这时我们就不得不求助于逻辑之外的其他某些事物来得出结论。这是第十章讨论的主题。逻辑不够强大的另一个方面出现在我们需要说服其他人接受我们的论点的时候。事实证明，逻辑是检验真理的好方法，但这与说服他人接受真理是不同的。检验真理和传递真理是两件不同的事情。

数学家们在初始之时都赞同，严格符合逻辑的证明是可能的。一个冗长的证明是很难用非常小的步骤去构思的。所以，我们通常会先用粗略的信息勾画出梗概，然后观察论证的整体思路是否可行。如果论证很简短，这就没有必要了。如果你正在给某人写一封简短的电子邮件，那么你不需要先构思，只需要坐下，开始写信，说出所有想要表达的事物，然后署名发送。但是，如果你正在写一整本书，从开始提笔就一直写下去，直到结尾，那么这是非常不寻常的。在撰写本书时，我从构建三个部分的大致框架开始，接下来是思考每一章的主题，然后是补充章节内各个部分的内容，再接下来是列出每个部分里的要点。这就是一种分形方法。

分形是一种数学现象，它在所有尺度上都是与自身相似的，所以如果你放大它的一小部分，那么这个小部分看起来是和整体一样的。为了使分形能够运作，这里必须有无限多的细节。否则，你在放大某个地方的时候就会发现不再有事情继续发生了。这是一种对称类型，叫作“自相似性”。

这是一棵分形树的图片。在图中的每一层，每一个分支都会分成两个。然后在下一层，每一个分支再次分成两个。这个过程一直持续到“永远”。如果放大任意一个特定的分支点，你就会发现，它上面的部分看起来就像整棵树的复制品。

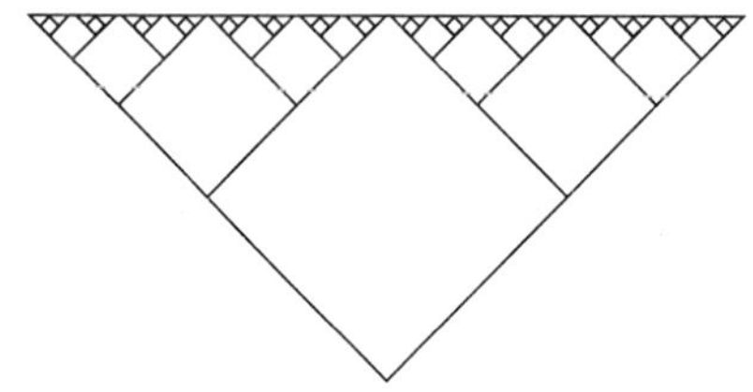

在我的脑海中，这幅图体现了寻找证据的方法。根基处是你想要证明为真的事物，指向事物的两个分支是在逻辑上蕴涵该事物的主要因素。（当然，这里可能有两个以上的主要因素，我们确实可以得到一个在每个点上都有两个以上分支的分形树。但是，这幅图会因此变得非常难画，所以我在这里还是坚持两个主要因素。）

接下来，你要思考这些主要因素中的每一个因素，思考是什么主要因素导致了事物的成立。于是，我们得到了下一层的分支：

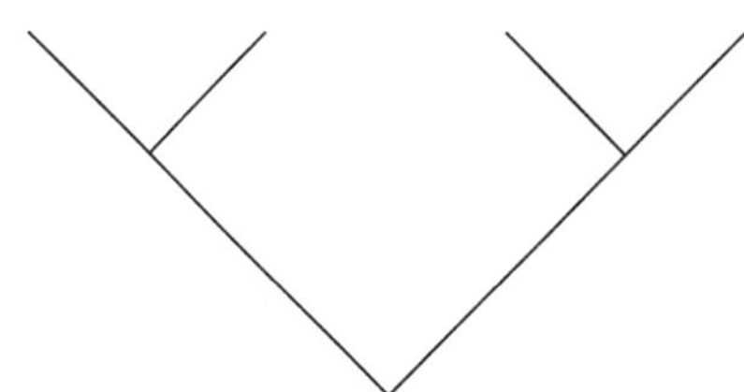

请注意，此时分支间还有非常大的间隙。

同样，我们开始思考这 4 个因素中的每一个因素，思考是什么导致了这些因素的成立。如果再这样操作几次我们就能得到下图：

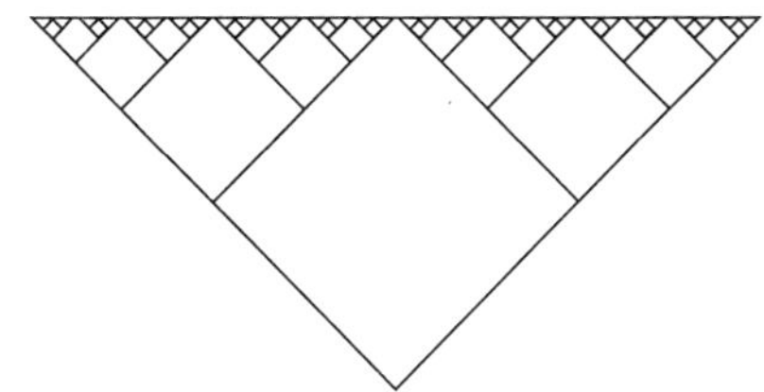

此时，分支变得足够紧密，几乎没有任何间隙。而且，顶端的分支变得非常小，几乎看不见。这样一来，再进一步的分支几乎很难被区分。所以，即使这不是一个真正的无限的分形，我们也可以停止从向另一个人展示的角度来看分形是什么样子的。

在某种程度上，这就是证明的工作原理——在某个时刻，你决定不再填补间隙，因为在你看来，进一步的辩解是徒劳无功的。在现实生活的争论中，我们会一直辩解，直到说服另一个人；或者，一直辩解到我们发现大家的根本出发点是完全不同的，除非我们能够改变他们的根本信仰，否则我们永远无法说服他们。

在实践中，数学证明有点儿像陪审团的审判。在实验科学中，同行评审意味着由一些科学界同行来裁决他们是否认为自己可以重现你所做的实验。同行科学家并不需要真的尝试重现实验，只需要裁决是否相信自己可以做到。而在数学领域，同行评审意味着由一些数学界同行决定他们是否认为证明是完全符合逻辑的。他们不太可能尝试将评审转化成严格的、正式的逻辑证明，但是他们极有可能去尝试填补一些分支间的间隙，看看自己是否能够做到。当数学家不知道如何填补间隙时，分歧就出现了。但是在这种情况下，数学家会询问写出证明的人，然后责任会落在原作者的身上，他们至少要填补一些间隙，直到产生疑问的数学家相信他们的证明。

陪审团审判的要点是，除非某人承认犯罪，否则很难找到确凿的证据来证明某人犯罪。因此，举证的责任不是逻辑上的证明，而是社会学上的衡量标准——你必须说服陪审团成员，也就是说服那些被随机选来的人。这是一个有缺陷的体系，但是在非理想的环境下，这是一个聪明的体系。它的缺陷是陪审团中的人是真实的人，所以他们容易受到情感和困惑的影响。因此，辩护律师的行为可能会更多地集中在如何影响这些陪审团成员的情绪，而不是呈现案情中的逻辑性。

虽然方式不同，但是同行评审也有相似的缺陷。审查证明的同行也是人，因此，他们也会受到情感的影响。例如，他们对作者声誉的看法。于是，你可能会认为论文应该匿名评审，但是在实际过程中这是不可能的。这有点儿像为一场匿名考试打分，如果你的班级只有三名学生，而你一整年都和他们在一起密切合作，那么无论他们是否在试卷上写出自己的名字，你都会准确知道哪份试卷是哪位同学作答的。在非常高水平的数学研究领域，这同样也是成立的——在每一个高深的领域，工作的人都不会很多。而且，优秀的研究工作者很可能会首先在会议上展示自己的工作，稍微做一次检验。在生活中也是如此，我们决定去相信一些人，我们听他们讲述事物的时候会带着相信他们的倾向，而对于其他人，我们则会有强烈的质疑的冲动。这可能是合理的，也可能是不合理的。我们将在以后讨论这个问题。

有时，数学家不愿意在数学圈之外承认数学在社会学上和人文上的这些问题，因为他们不想引起人们对其工作真实性的怀疑。我们可能不想承认，我们用于严谨证明和严格同行审查的框架并不是完全的、彻底的、绝对坚如磐石的事物。但是我认为，夸大一个体系的职责和成就是危险的，因为这会让人们有机会怀疑你说话内容的一部分，从而怀疑你所有的说话内容。当人们把数学误解为一个无关紧要或者无聊的事物时，我感到非常沮丧。但是，当人们把数学放在无所不能以及无懈可击的基础之上时，我也感到非常沮丧。我更希望人们欣赏数学的本质：数学是介于这两者之间的事物。数学能够帮助我们梳理混乱的人类世界，但是在某些地方肯定还有一点儿混乱。数学是具有力量和意义的事物，但它是有极限的。

数学过程中逻辑部分和人类部分之间的交互作用可以教会我们所有人类话语中的交互作用。我们将在关于情感的第十五章进一步讨论这一点。

为了帮助数学家理解逻辑证明，研究论文中还会特意包含一些并非严格符合逻辑的材料。辅助的形式有类比、想法、非正式的解释、图片、背景讨论、小型测试案例等等。这些都不是正式证明的一部分，但它们是帮助数学家获得直觉，从而与证明中的逻辑相匹配这一过程的一部分。我们知道，如果逻辑是合理的，但是结果与某人的直觉不符，那么他还是会持怀疑态度。应对怀疑态度是数学过程的重要组成部分：我们的目标是为合理的怀疑排除一切可能性。这与审判中“合理怀疑”的概念相似。

然而，值得注意的是：在直觉的基础上，合理的反对和不合理的反对之间存在一条细微的界线。这有点像同行评审和观众投票之间的差异。

合理的反对

由观众投票决定的比赛常常会遭遇某种程度的嘲笑，“专家”可能会嘲笑非专业观众，认为观众们并不知道自己在谈论什么。下面的情况就是如此。观众喜爱的跨界歌手演唱了一首著名的歌剧选段（比如《今夜无人入睡》），但这个歌手并不具备“恰当的歌剧演唱技巧”。然而，根据观众投票的规则，这位备受喜爱的歌手可以光明正大地赢得比赛。不同于同行评审，这只是一场投票，没有人需要为自己的投票进行证明。而在同行评审的过程中，反对意见也需要被证明是合理的，不是仅仅提出反对就可以了。

在普通的生活中，除了一些特殊情况，是不会有明确定义的专家小组作为同行来评审我们的逻辑论证的。而在法庭上，同行评审就是陪审团。他们的决定可能较少地基于论证的逻辑性，而更多地基于他们对证人证词的情感反应。无论是哪种方式，陪审团通常都不需要证明自己的决定的合理性。对于政治家来说，“同行评审”就是选举——他们正确与否不重要，他们的论点合理与否也不重要，重要的只有人们是否会投票给他。选举者也不需要证明他们的选择的合理性。你可能希望选举是以政治家论点的合理性为基础的，但是，你如果曾经经历过一场选举，可能就不会这样想了。对于企业而言，“同行评审”就是金钱：企业员工只需要说服人们去购买他们的产品，而他们的方法是否合理、有无逻辑都不重要（然而，如果他们的行为是彻头彻尾的欺诈，那么他们可能会陷入法律纠纷）。

政治家、企业，以及任何试图左右人们看法的事物，都可以被视为正在使用非逻辑的方法来通过人们的情绪影响和操控他们。这很容易让人被它牵着鼻子走，但如果你不想被如此轻易地操纵，那么保持怀疑态度是很重要的。这并不意味着你要完全否定每个人说的每件事，而是至少需要一定程度的正当理由，而且还需要一个框架，这样你就会处于有准备的状态。如果某些人达到了这个级别，就相信他；如果他没有达到这个级别，就不相信他。这就是合理怀疑和不合理怀疑之间的差异，在第十六章讨论如何理性时我们会回到这一点上。

对于数学证明，我们可以通过两种途径产生合理的怀疑：

（1）某人可能认为你的逻辑中存在间隙或者错误。

（2）你的推断可能与某人的直觉相矛盾。

第一种反对是简单的逻辑上的反对，可以用简单的逻辑方法来处理。通过补充更多的逻辑，可以明确这些间隙是可以被填充的，或者假设的错误并不是错误的。

第二种类型的反对更加棘手。这种情况在我的研究中出现过几次，而在政治领域中总是出现这种情况。每当某些人因为科学研究与他们自身的经验或者坚定的信念相矛盾而不相信这些研究时，这种类型的反对就会发生。这就是为什么即使没有科学依据，仍然有人相信接种疫苗能导致自闭症。这就是为什么尽管有证据，还是有人相信宇宙只有几千年的历史，或者相信地球是平的，或者相信人类的生命并非起源于非洲，或者相信奥巴马并非出生于夏威夷。

直觉上的反对比逻辑上的反对更难处理，因为你必须通过改变一个人的直觉来说服他们，但是没有明确定义的方法能让你做到这一点。应该明确的是，重申证据并没有帮助。当然，告诉人们他们是愚蠢的更没有帮助。我们将在第十五章进一步讨论这一点。理论上，在缜密的数学中，这类反对是没有一席之地的。因为如果无法在你的证明中找到错误，他们就无法提出有效的反对。然而，数学研究仍然关系到说服人们接受某些事物的问题。因此，在实际操作中，这种非常人性化的反对是一个问题。如果人们无法信服你的结果，那么他们就不会使用它，也不会以它为基础，更不会重视它。

当这类反对发生在我身上时，我会用下列事实安慰自己——逻辑与直觉相悖是我们使用逻辑的根本原因之一。如果逻辑总是与直觉匹配，那么使用逻辑就有些多余了。至关重要的是，我不是在简单地驳斥这些直觉上的反对，相反，我会试着找到这些反对的根源，这样我就能解决它了。通常情况下，从一个角度来看，某些事物似乎是直觉的；但是，从另一个角度来看，事物似乎是反直觉的。因此，解决冲突就是要说服某人承认另外的角度。为了实现这一点，我们必须了解他们的观点始于何处，以看清他们的直觉来自何处。

我们无论是在撰写数学论文和演讲稿，还是为了支持我们自己的观点而展开论证，有能力想象出一个持怀疑态度的人都是一种重要的训练。这样我们就可以先发制人，或许还能提前消除人们的合理怀疑。

我经常想象有一个持怀疑态度的人与我争论。我们可以把对方想象成跟我们一样聪明的人，这就是为什么这场争论会被称为同行评审，而不是傻瓜评审。而且，我想象对方高度怀疑我所说的每一个事物，或者正在积极寻找我证明中的错误。这样，我就能自己找出任何可能的错误。

在生活中想象某些人非常怀疑你并与你争论，也是检验自己逻辑的好方法。这确实需要你能够像其他人一样思考，但这本身就是一项重要的技能，也是与其他人建立沟通的桥梁而不是扩大分歧的关键方面。这么做还可以真正开阔你的眼界，让你以新的方式来思考事物。我发现，通过把事物传授给其他人，我能更充分地理解这些事物，因为我必须考虑如何把它们解释给那些持怀疑态度的学生。即使是在撰写这本书的时候，我也在不断地收获有关逻辑和世界之间的互动的新的启示。

如果你只设想和一个完全赞同你观点的人讨论，那么你永远无法验证自己的论证。更糟糕的是，无论是在现实生活中还是在他们的想象里，很多人只和赞同自己的人讨论。这种情况的在线版本就是备受议论的“回声室”，显然，搜索引擎和社交媒体的算法始终将我们困在其中。为了避免这种情况的发生，我认为寻找并且尝试不同的观点，同时理解这些观点的来源是非常重要的。有时，我会阅读一篇自认为合理的文章，然后试着猜测网上讨论区部分主要的反对意见是什么，通过这种方法来测试自己的能力。正如我们将在第十一章中讨论的，分歧通常来自基本信念的差异。但是，有时这些评论就是一种“膝跳反射”。它们可能是正确的，但是与文章中的论证并没有多大关系。每当有一篇文章涉及小狗时，都会有一连串的评论特别突兀地声称“中国人吃狗肉”。这就把我们引入了真相和启示之间的差异。

真相与启示

在中国的某些地方，人们可能真的会吃狗肉。但是，这并不能将陈述和那篇文章的内容联系在一起。文章中讲述的是芝加哥的一个遛狗应用软件能够将忙碌的狗主人和自由遛狗人匹配起来。由此可见，并非所有的真相都是相关的或者有益的。正确的事物并不一定具有启发性。这是逻辑到达极限的另一种意义：真相可以用逻辑来评估，但是启示真的不可以。真相和启示不应该被混淆，但是它们相互作用的方式是非常重要的。让我们再一次通过数学真理的角度来观察这个问题，令人惊讶的是：等式都是谎言。

你对这个说法有反应吗？恐怕在很大程度上，我说出这句话就是为了得到一个反应。它有点标题党的味道。不可否认的是，“等式都是谎言”这个陈述是不正确的。但是，我这么说是为了表明一种看法。（实际上，稍后我们将讨论一个事实，即真相和抓人眼球在很大程度上是独立的。）

这里有一个不是谎言的等式：1=1。然而，这个等式虽然是正确的，却没有任何启发性。所以，我真的不想把它算作一个等式。于是，正如我们在本书第一部分学到的，我确实应该优化我的陈述。我可以说“大部分等式都是谎言”，但这可能也是不正确的：毕竟存在无数个形式为 $x=x$ 的真等式，因为至少每个数字都会对应一个等式：

$$1=1$$

$$2=2$$

$$3=3$$

$$4=4$$

……

依次类推。我真正的意思是，唯一不是谎言的等式是微不足道的，在这种情况下，它们毫无意义。因此：

所有具有启发性的等式都是谎言。

这到底是什么意思呢？正如我们在一开始提到的那样，人们对数学有个经久不衰的误解，他们普遍认为数学全是关于数字和等式的。虽然，这并不是完全正确的，但是数字和等式确实起到了重要的作用。因此，我怎么能说所有的等式都是谎言呢？不可否认，我使用“谎言”这个词是有一些玩弄情感的。我真正的意思是，所有的等式都隐藏了一些不对等的事物。因此，它们并不是在逻辑上真正的、符合逻辑的、完全的以及绝对的等式。例如，我们来思考一下这个等式：

$$10+1=1+10$$

你可能还记得这个等式，它是加法交换律。或者你可能只是本能地知道，如果你拿走 10 件东西和 1 件东西，那么你得到的东西总数将会和你先拿走 1 件东西，再拿走 10 件东西得到的总数一样多。然而，这是小孩子必须习惯的事物。多年来，我一直在学校帮助孩子们学习数学。他们在第一次学习加法时使用了“继续数数”这个方式，这时加法的交换性是非常不明显的。如果你让他们计算 10+1，那么他们会开心地把 10 记在脑子里，然后用手指继续数一个数，于是得到 11。但是，如果你让他们计算 1+10，那么他们会把 1 记在脑子里，然后用手指艰难地继续数 10 个数。根据他们的熟练程度，经过此番辛苦的计数后，他们可能会得到正确的答案，也可能不会。对于他们而言，10+1 和 1+10 是不同的过程。

事实上，在高等数学中，1+10 和 10+1 不一定是同一个事物。这就是为什么加法交换律是一个定律，而不是一个定义。这也是为什么上述等式是有益的，而且是有启发性的。它告诉我们，即使 10+1 和 1+10 是不同的过程，它们也会产生相同的答案。因此，我们可以选择对自己来说更容易的那个过程。孩子们一旦弄懂了这个定律，就可以使用定律来帮助自己通过继续数数的方式做加法。他们知道，先把较大的数字记在脑子里，然后继续数较小的数字会更容易。因此，这个等式不是一个真正的等式：等式左边和等式右边不是完全相同的。事实上，这个等式的力量是：在某种意义上（过程），左右两边是不同的，但在另一种意义上（答案），左右两边是相同的。

我们在数学中学习的所有等式都是如此。这些等式向我们展示了两个事物在某些方面是可以被视为相同的，尽管它们在其他方面是不同的。这就是等式对我们的帮助。如果等式的两边真的没有什么不同，那么即使它们是正确的，也是没有启发性的。两边没有任何差异的等式格式如下：

$$x = x$$

这种等式永远都是无益的。

我们如何说服人们

我们已经知道，逻辑真相并不总是具有启发性的。实际上，真正说服我们接受某个事物的往往不是逻辑。这关系到一个事实，即逻辑通常在一开始并不能够帮助我们构思一个证明。我们在构思一个证明时，往往使用的是本能的直觉、模糊的怀疑、第六感以及各种蛛丝马迹。我们会寻找那些稍微能激发自己想起其他事情的事物，等待灵感突然出现。然后，我们试着用逻辑将所有事物填充进去。但是，我们只有在使用了许多并非完全符合逻辑的过程，并且建立起最初的想法后，才能做这些。这也许就是数学“天才”这一传说的起源——数学工作开始的时候，常常存在一个神秘的灵感元素。但是，我们不能忘记在后续构建逻辑的过程中付出的艰苦努力。

我们也不会完全通过逻辑来解读逻辑证明。通常在研究论文中，逻辑证明会伴随着“这个想法是……”的描述。这是一种相较而言更加非正式的、不严谨的描述，但它可以激发出有助于我们理解逻辑的想法和意象。它可能是一幅图片，比如我们探讨在一个证明中填补空隙时使用的分形树状图；它也可能是某种形式的示意图，展示了事物间是如何结合在一起的，就像我在第五章中使用的成因图；它还可能是一个类比或者小案例。这些事物本身并不是严格符合逻辑的，但是它们可以帮助我们理解逻辑。通常情况下，我们一旦理解了这样的想法，就可以在更少的帮助下自己完成逻辑步骤。通过感知事物为什么是正确的，即使是在数学这样抽象的领域中我们也可以从逻辑上理解它为什么是正确的。如果不明白事物为什么是正确的，那么我们也许可以遵循每一个逻辑步骤，但仍然会感到不安，因为我们并不觉得自己真的明白正在发生什么。

从逻辑上而非情感上知道某个事物的经历是需要讲证据的。你在理智上知道某些可怕的事已经发生了，但在情感上无法相信或者接受它。我认为这就是在理智上知道某事和在情感上知道某事的区别。我们的理智和情感并不一定总是会让我们得出不同的结论，只是有时候它们之间会存在一些滞后。

当我们学习事物时，这种差异就发挥作用了。如果我们在学习事物的同时，投入自己的情感或者个人经历，那么这个事物很可能会深深地嵌入我们的意识。人们都说实践是学习事物的最好途径。我认为这是因为我们如果通过实践来学习某个事物，就能真实地感受到它是什么。然后，我们学到的东西就会留存在自己内心的某个角落，这可比只是从书中读到这些内容要深刻得多。

这就与有关记忆在数学学习中起到的作用的争论产生了关联。有些人想当然地认为，如果你想学好数学，那么死记硬背是非常必要的。但是，对于专业研究数学的另一些人（包括我）来说，他们确信自己从来没有背诵过数学中的任何东西。事实上，我一直很喜欢数学的一个主要原因就是它不需要背诵，只需要理解。然而，很多人告诉我，他们对数学失去兴趣的全部原因就是他们不得不背诵太多东西。我很同情他们，因为我也很反感背诵，我只是不同意他们的说法。通常我对某个人说这些话的时候，他会反驳我："但是你肯定背诵过乘法表。"不知何故，乘法表总是作为一个最基本的事物出现，每当人们需要证明没有人能避免背诵时都会提及它。

如今，虽然我肯定不是一个令人惊叹的算术能手，也不是那种喜欢在脑子里快速计算五位数乘法的人肉计算器。但是，我的基本算术能力非常强，与普通人相比，我的算术能力肯定高于平均水平。而且，我从来没有背诵过乘法表，而是通过其他更为微妙但绝不涉及背诵的途径知道了乘法表。我认为这就像我知道自己的名字，但是从未背诵过自己的名字一样。我已经把它内化了。

如果缺失情感的成分，那么逻辑、数学以及科学都很难被内化。我们应该清楚，只有用于辩解的方法需要舍弃情感的成分，而交流和理解的方法都不应该缺失情感的成分。情感的注入是令人信服逻辑真理的更有力的方式。实际上，情感能令人信服任何事物，无论它是符合逻辑的还是不符合逻辑的，无论它是真实的还是不真实的，从所谓互联网“模因”的成功就可以看出这一点。

模因

事物可以是正确但不具有启发性的，事物也可以是具有启发性但不正确的。互联网模因就是后一种情况的丰富资源。

就在这个星期，我看了一篇主题为科学方法的文章。文中是这样说的：

> 应该是怎样的：
>
> 科学家（专家）：有一个问题。
>
> 政治家（非专家）：我们来讨论一个解决方案。
>
> 实际上是怎样的：
>
> 科学家（专家）：有一个问题。
>
> 政治家（非专家）：我们来一起讨论一下是否存在问题。

总的来说，我认为它要表达的观点是：科学家和政治家之间的互动已经变得不那么理想了。因为政治家逾越了他们的职权范围，试图处理那些本应由科学家来处理的任务。但是，我并不同意对“应该是怎样”的总结。因为我认为，科学家真正应该说的是“我们百分之九十九确定有问题”。然后，他们会研究解决方案。接下来，政治家应该讨论是否应该为解决方案提供资金支持，这归根结底就是对各个方面的权衡——包括不解决问题会涉及的危险、科学家的确定性水平以及解决问题的成本和可能性。然而，这段话并不怎么吸引人，而且可能有太多的文字并不适合放在一个模因中。

最近，我还看见了另一个例子：

有趣的是，没有一个国家曾经试图废除全民医疗保险。

医疗保险似乎在有效运转。

同样，我赞成这里的总体观点，我相信它是支持全民医疗保险的。然而，我不确定这个模因是否是正确的——可以说，有些人一直在试图摧毁英国的国民医疗服务体系，并将其私有化。

然而，细节、细微差别以及结构合理的论点都不能帮助模因像病毒一样扩散。相反，博人眼球的短语和简明扼要的俏皮话却能帮助模因疯狂地传播（连同有趣的图片一起）。

有时，这会让理性的人们绝望地放弃自己的武器。但我认为，我们可以做些更有益的事：我们可以从中学到一些东西。向一些无法理解某个事物的人解释这个事物时，我们通常会利用一些方法把事物变得更易于理解。对于某些高阶数学论题或者科学论题，我们需要简化它们，以帮助那些没有经过多年训练但又必须完全理解这些论题的人群。有些人认为这么做会对科学产生很大的影响，不值得去做，所以他们不会被任何“普及”科学的尝试困扰。

然而，我不同意这个观点。我认为我们能够找到简化论证的方法，这些方法在捕捉论证本质的同时，还能以模因运作的方式激发情感和娱乐性。当我看见上述有关科学的模因时，我想要编辑它。我想在完整细致的描述（有可能非常长）和同样有力但更准确的描述之间做出权衡，可能如下所示：

应该是怎样的：

科学家（专家）：我们认为存在一个问题。这里有一个解决方案。

政治家（非专家）：让我们就是否资助他们的解决方案展开讨论。

实际上是怎样的：

科学家（专家）：我们认为存在一个问题。

政治家（非专家）：让我们来讨论一下是否存在问题。

总之，我们应该着眼于调动人们的情绪，从而说服他们相信逻辑论证，而不是仅仅使用逻辑论证。在本书的后续部分，我们将会看到逻辑存在局限的各种方式，以及情感是如何帮助我们超越这些局限的。我们尤其不应该让情感和逻辑针锋相对。它们并不是对立的，而是会通过共同作用让事物变得既合情合理，又值得相信。

第九章

悖论

当逻辑引发矛盾时

我是一个热衷于列清单的作家。我发现这是一个以温和有效的方式来拖延的好方法。有时，我感到非常累或者压力非常大，我会把一些非常容易做的事排进自己的待办事项中，这样我就能轻松地声称我已经完成了某些事。这些事可能是“吃早餐”或者“查收邮件”。我经历过一个把“起床”这个短语放进待办事项中的阶段，这样我就能立即划掉它。我突然想到，我可以把“完成清单上的某件事”写进清单里，然后立即划掉它吗？对此我感到非常困惑。

我经常对这种循环的想法感到好奇。例如，我真的很想告诉大家不要提出不请自来的建议。但是，我害怕这会被视为不请自来的建议。还有一个情况，我无法在家里存放冰激凌。因为只要家里有冰激凌，我就会立即全部吃掉，然后家里就没有冰激凌了。当我在网上填写签证申请表时，一个更严重的矛盾发生在我身上。它严格要求我输入自己的全名，而且输入的名字必须和我护照里的名字一致。然而，我护照里的中间名有一个连字符，但是在线表格不允许我输入连字符——“无效姓名：只允许输入字母字符。”因此，我发现自己进退两难——我必须严格按照护照里的名字输入，但是现实情况又不允许我这么做。我能肯定，在申请过签证的人中我不是唯一一个名字里含有连字符的人，更不用提那些名字里带有撇号和变音符号的人。

我认为这些循环和矛盾就是生活的悖论。当逻辑自相矛盾时，或者当逻辑和直觉相矛盾时，悖论就出现了。这两种情况都向我们展示了严格符合逻辑的思维的局限。在第一种情况下，我们看到我们可能需要更多地关注如何建立逻辑、明确定义以及控制思维范围。在第二种情况下，我们看到我们不应该完全信任自己的直觉，或者我们应该花一些时间来理解直觉来自何处。第一种情况阐明了我们对逻辑的处理，第二种情况阐明了我们对世界的看法。

在这一章中，我们将探讨一些我最喜欢的思维扭曲的悖论。其中有一些是著名的数学悖论，有一些是我注意到的有关生活的怪事。从历史上看，悖论有时是非常具有启发性的，它们促成了整个数学领域的巨大发展。它们是一个研究逻辑极限的乐园，在这些奇妙的情境中，过分努力地追求逻辑似乎会导致矛盾。

说谎者悖论

让自己陷入逻辑悖论是非常容易的：只要你宣称“我在说谎”。我曾经见过带有逻辑倾向的孩子这么做，然后他们就咯咯地笑起来。他们创造了一个悖论——如果他们说的是真话，那么他们在说谎。但是如果他们在说谎，那么他们正在说真话。这是一个经典的悖论，被称为说谎者悖论。如果我说“不要采用我的建议”，那么这也会产生悖论。接下来你会采用我的建议吗？如果你采用，这意味着你不应该采用我的建议；如果你不采用，这意味着你采用了我的建议。

我们可以把一对陈述变成如下所述的循环悖论：

（1）下面的表述是正确的。

（2）上面的表述是错误的。

侯世达在《超级魔幻王国》中也讨论过一个奇妙的句子：

Cette phrase en français est difficile à traduire en anglais.

这句话可以被逐字翻译为：

这个句子在法语中很难翻译成英文。

但是，此时它已经不再有意义了。

在这一点上，我应该向此书的法语译者道歉，如果有这个人的话。当然，这句话只会让事情变得更糟，因为将它翻译成法语本身就是很难的事。

卡罗尔悖论

刘易斯·卡罗尔可能是作为《爱丽丝梦游仙境》的作者闻名于世的，

但他实际上是牛津大学的一位数学家，名叫查尔斯·勒特威奇·道奇森。他为哲学期刊《心灵》撰写了一篇名为“乌龟对阿喀琉斯说了什么”的文章。他在文章中写到了逻辑悖论。这篇文章是以对话的形式撰写的，文章中的乌龟把阿喀琉斯逼进一个死角，或者更确切地说，是逼到一个无限的深渊中。查尔斯·勒特威奇·道奇森在文章中对乌龟和阿喀琉斯这两个角色的使用是对芝诺悖论的一种肯定，我们很快就会看到这个悖论。

在卡罗尔悖论中，他探索了逻辑论证是如何通过逻辑蕴涵建立起来的。我们在前一章讨论过，逻辑是会达到极限的，因为为了使用它，我们必须从假设一些逻辑规则开始。卡罗尔悖论的内容关注的就是如果我们不这么做会发生什么——永远无法到达终点，无休止地填入更多的逻辑步骤，但永远得不出结论。这就像试图画出一棵真正无限的分形树，而不是一棵看起来已经填入足够步骤的分形树——你用尽一生也无法完成。

卡罗尔悖论中的乌龟要求阿喀琉斯比较三角形的两个边，看看它们的长度是否相等。你也许会拿一把尺子测量两个边，发现它们都是 5 厘米，所以这两个边的长度是彼此相同的。

这里涉及如下陈述：

A：三角形两个边的长度同为 5 cm。

Z：三角形的两个边彼此相等。

乌龟问阿喀琉斯：“*Z* 是不是从 *A* 推断出来的？”阿喀琉斯回答：“当然是。”也许你会赞同这一点。但是，乌龟说只有当我们知道 *A* 蕴涵 *Z* 时，这一点才是正确的。因此，在这两个陈述之间，我们还需要另一个陈述：

A：三角形两个边的长度同为 5 cm。

B：*A* 蕴涵 *Z*。

Z：三角形的两个边彼此相等。

现在，乌龟问阿喀琉斯："是否 *A* 和 *B* 共同蕴涵 *Z*？"但是这本身就是一个新陈述：

A：三角形两个边的长度同为 5 cm。

B：*A* 蕴涵 *Z*。

C：*A* 和 *B* 共同蕴涵 *Z*。

Z：三角形的两个边彼此相等。

现在，乌龟问："是否 *A*、*B*、*C* 共同蕴涵 *Z*？"但是这又是一个新陈述：

A：三角形两个边的长度同为 5 cm。

B：*A* 蕴涵 *Z*。

C：*A* 和 *B* 共同蕴涵 *Z*。

D：*A*、*B*、*C* 共同蕴涵 *Z*。

Z：三角形的两个边彼此相等。

故事的结尾是乌龟仍然坐在那里折磨阿喀琉斯，让他写下所有这些中间的陈述。很明显，这种情况将永远持续下去。

那么，我们到底如何由一些事物推断出其他事物呢？或者，是否事实上我们从未正确地从一些事物推断出另一些事物呢？答案是，我们必须使用推理的规则——肯定前件式（第四章中提到过）。我们必须假设这个规则是有效的，以得到任何一个结果。这个悖论警告我们，总有一层元逻辑控制着我们的逻辑。所以，我们只能通过保持这些层次的分离来理解事物。

在某种程度上，这很像试图找出所有导致事物发生的因素，正如我们在第五章中讨论的那样：

A：我掉落了玻璃杯。

B：因为玻璃杯太易碎，所以 *A* 导致 *Z*。

C：因为地板非常硬，所以 *A* 和 *B* 共同导致 *Z*。

D：因为重力的干预，所以 *A*、*B* 和 *C* 共同导致了 *Z*。

E：因为我没有抓住玻璃杯，所以 *A*、*B*、*C* 和 *D* 共同导致了 *Z*。

F：因为没有其他人抓住玻璃杯，所以 *A*、*B*、*C*、*D* 和 *E* 共同导致了 *Z*。

G：因为……，所以 *A*、*B*、*C*、*D*、*E* 和 *F* 共同导致了 *Z*。

……

Z：玻璃杯碎了。

如果我们不懂得适可而止，那么我们将永远无法推断出任何事。

芝诺悖论

刘易斯 • 卡罗尔对乌龟和阿喀琉斯这两个角色的使用是向 2 000 年前的芝诺致敬。芝诺在一个不同的、更具体的悖论中使用了这两个角色。他想象有一只乌龟和速度极快的阿喀琉斯赛跑，乌龟领先一步出发。接下来，芝诺论证说：当阿喀琉斯到达乌龟出发地点的时候，乌龟又向前跑了一小段，比如说到达 B 点。当阿喀琉斯到达 B 点时，乌龟又向前跑了一小段，比如说到达 C 点。当阿喀琉斯到达 C 点时，乌龟又向前跑了一小段，比如说到达 D 点。这个过程会永远持续下去，所以阿喀琉斯永远无法超越乌龟。但是在现实中，我们知道阿喀琉斯一定会赢得比赛。

芝诺是一名生活在公元前 5 世纪的希腊哲学家，他有一些著名的悖论。就像历史上的许多悖论一样，这些悖论是通过思维实验来实现的，目的是理解如何研究世界的一些基本方面。这与试图理解世界是不同的。

芝诺最著名的三个悖论都与运动、距离和无限小的事物有关。第一个悖论是关于乌龟和阿喀琉斯的故事。第二个悖论涉及自己从 A 地到 B 地旅行。芝诺认为，首先你必须跨越一半的距离，然后是剩余距离的一半，然后还是剩余距离的一半，以此类推。这种情况将永远持续下去，所以你永远不会到达目的地。然而在现实中，我们确实每天都能成功地去一些地方。

第三个悖论涉及一支飞在空中的箭。芝诺认为，如果你看到它的时间只有一瞬间，那么你不会看到它在移动。这在任何时刻都是正确的。所以，箭是如何移动的呢？尽管在任何时刻，没有事物能被视为移动的。但是我们就是知道，事物确实是在运动的。这就是为什么照片是静止的图像，而视频不是。

悖论大致分为两类：第一种是真实的悖论，它在逻辑上没有任何错误，但是逻辑却把我们推向了一个与我们世界观相悖的境地；第二种是虚假的悖论，即逻辑上的错误被隐藏在争论中，而这正是导致奇怪结果的原因。

芝诺悖论是虚假的悖论：错误在于逻辑，而不在于我们对世界的直觉。这个错误是非常微妙的，数学家花了几千年的时间来研究如何修正它。这一切都归结于你如何诠释“永远”，以及你如何考虑将即刻的瞬间黏合在一起来创造更长的时间段。事实上，这一切都归结于我们如何处理将无限个无穷小的事物黏合在一起的问题。如果你在处理这个问题时没有考虑到细微的差别，或者你假设它的工作原理与有限个有限事物相加一样，就会产生这些奇怪的悖论。我们从中得到的警示是：并非我们的世界观是错误的，而是我们需要更加谨慎地对待无穷大的事物和无穷小的事物。

处理无穷小的事物会引出有关渐变比例和灰色地带的问题，这些我们在第四章中提到过，我们将在第十二章中做更深入的讨论。处理无穷大的事情包括一个问题，即什么时候把一串无穷长的数字加起来是有效的。有一个非常流行的数字狂视频声称，将所有的 1、2、3 等数字相加，结果永远“等于”-1/12，用他们所谓的“数学上的花招”来进行论证，这些花招实际上是由许多逻辑跳跃组成的，这些逻辑跳跃在直觉上可能是有意义的，但在逻辑上是有漏洞的——他们对无穷长的数字串如何运作做出了毫无根据的假设。

我希望你能感觉到最终的结果是荒谬的，尤其是因为我们所有相加的数字变得越来越大、越来越大，直到无穷大。事实上，这就是为什么无限求和

$$1+2+3+\cdots$$

在没有实质性的限定条件下，是无法得到合理的答案的。有一些非常深奥的数学知识让人们感觉这个“等式”是有意义的，但这一定不是通过对这些无限量的数字进行求和来实现的。

不幸的是，这段视频愚弄了数百万名观众，这有一部分是出于数字狂视频的良好声誉。这也许恰好是一个模因流行和可信的例子，即

使它们是与逻辑和直觉相抵触的。这也可能是一个普遍认为数学有点儿荒谬的例子，这是非常不幸的。“等式”应该是什么，这是思考无穷大的事物如何导致奇怪情境的起点，正如下一个例子描述的那样。

希尔伯特悖论

希尔伯特的旅馆悖论是一个有关无限大的事物导致特殊情境的思想实验。

戴维·希尔伯特是一位数学家，他生活在芝诺之后的近 2 000 年，但当时的数学家仍然（现在仍然）在试图理解无穷。希尔伯特的思想实验涉及一个无穷大的旅馆，其中房间号分别是 1、2、3、4……如果假设旅馆客满了，那么你还需要假设有无穷多的人。在现实生活中，没有无穷大的旅馆，也没有无穷多的人，但这只是一个思维实验。现在想象有一个新客人来了。旅馆客满，所以没有房间给新来的客人。然而，我们可以把每个人都搬到下一个房间，这样 1 号房间的人搬到 2 号房间，2 号房间的人搬到 3 号房间，以此类推。因为房间的数量是无穷的，所以每个人都有一个可以搬去的房间，但代价是把原先的居住者请出去。但被请出房间后，原先的居住者可以搬到新的房间。这样一来，1 号房间就空了，新客人就可以搬进来了。

这里的悖论不在于逻辑，而在于我们的直觉。在正常的生活中，如果一家旅馆没有空房，只转移客人，而不让客人共用房间，是不可能奇迹般地制造出一个空房的。区别就在于，在现实生活中，所有的旅馆都是有限的。这是一个真实的悖论，它挑战了我们关于无穷的直觉。它警告我们不能把对有限数字的直觉扩展到无限数字，因为如果这么做的话，奇怪的事物就会开始出现。

希尔伯特的旅馆悖论可以扩展到思考更多新客人的到来，甚至是无穷多新客人的到来。这引发了人们对无穷大的研究，它作为一种新的数字类型，是不遵守普通数字所遵守的规则的。

这可能看起来与现实生活相去甚远。因为在现实生活中，我们确实不会有无穷多个事物。我们认为生活中存在无穷多个事物的方式之一可以追溯到芝诺悖论。事实上，任何距离都可以被划分成无穷多个越来越小的距离。这看起来似乎是一个技术性问题。但值得注意的是，这个技术性问题使我们能够理解运动。因此，它对我们现代世界中所有的自动化事物非常重要。

而我们有效拥有无穷多个事物的另一种方法是考虑无限供给。希尔伯特旅馆供应无穷多个旅馆客房，它总是可以产生另一个空置的房间，但基本上没有增加成本。这种情况有点像当今的数字媒体，因为额外的文件副本可以随意制作，并没有增加成本。虽然我们实际上并没有无穷多个文件副本，但它将情形塑造成能够无穷供应是有一定意义的。这在一定程度上解释了为什么数字媒体的价值暴跌至零，或者说非常接近于零。当然，这与盗版的问题有关。有些人认为正是盗版才使数字内容的供应无限量化的。因此，阻止人们窃取数字内容将会导致供应回归到有限的状态。还有一种观点认为，复制数字内容实际上并不等于窃取，因为你并没有从某人那里移除对象。的确，根据希尔伯特悖论发展起来的无穷理论告诉我们，从无穷中减去 1 仍然是无穷。数学无法告诉我们如何处理这些道德问题，但它可以为我们提供更加清晰的措辞，让我们来讨论这些问题。

哥德尔悖论

所有这些悖论都与哥德尔的不完全性定理有关，并在历史上导致了这个定理的诞生。库尔特·哥德尔是一位逻辑学家，生于1906年，卒于1978年。他证明了一个关于数学极限性的定理（该成果发表在1931年的论文中），这在当时的数学家看来是相当令人震惊的。这个定理基本上是说，任何一个逻辑上一致的体系都注定有既不能被证明为真，也不能被证明为假的命题，除非逻辑体系非常小且枯燥。一致性和逻辑性在这里都有正式的含义：逻辑性意味着它是以一种精确的方式从公理中建立起来的；一致性意味着体系不包含任何矛盾，所以如果某个事物是真的，那么体系也不可能是假的。

当然，“小”和“枯燥”是非常不正式的词语，这听起来像是主观的描述。但是，举例来说，任何一个逻辑体系，只要它足够大、足够有趣到能够表达整数的运算，就注定具有这种不完全的特性。没有量词的一阶逻辑并不属于这个范畴。事实上，一阶逻辑可以被证明是完全的，因为其中的一切事物都可以被证明是真的或假的。而二阶逻辑不可以。

这有点像罗素悖论（见下一节），它归结为自我参照的问题。只要允许表述引用其本身，就会产生奇怪的循环。有时，这些循环会产生美丽的结构，如计算机程序中的分形或者无穷循环。但是，逻辑循环会给我们带来问题。正如侯世达在他的著作《我是个怪圈》中提到的那样。

侯世达在其早期著作《哥德尔、艾舍尔、巴赫：集异璧之大成》中广泛讨论了哥德尔的不完全性定理。在这部著作中，侯世达不仅阐明了不完全性定理，还阐明了在巴赫音乐以及艾舍尔版画中，逻辑结构与抽象结构之间存在的各种迷人的联系。两者的作品都具有深刻的数学性，同时也具有极大的艺术满足感。

不完全性定理的证明涉及构建一个命题，它通过自我参照创造了一个悖论。它的独创性和震撼性来自能够完全从形式上在数学体系中完成这一过程，本质上是使用数字。用正常的语言说出一个无法证实的句子是很容易的，比如“我很快乐”，但那只是因为“快乐”并不是一个足够符合逻辑的概念，它是无法用逻辑来证实或者反驳的。

在哥德尔定理之前，许多数学家都认为，不同于现实世界，数学世界是一个完美的逻辑世界，在这个世界里，所有事物都是可以被证实的。哥德尔对此泼了冷水。他只是形式化地编码了这个句子。

这个命题是无法被证实的。

首先，我们可以决定这个命题为真（如果它为假，就意味着它是可以被证实的，但这将说明命题为真，这会产生一个矛盾）。然而，这个命题为真这一事实又意味着它是不可证实的，因为这就是命题所说的内容。（如果你和我一样，那么在考虑这些的时候你可能会觉得头晕。）

哥德尔表明，用算术语言来完成这个命题是可能的，因此，这表明了任何包含算术的数学体系都一定是不完整的。肯定存在比这种数学体系更小的数学体系，它们是完整的，但是它们不包括算术，所以几乎很难被称为全部的数学。

哥德尔悖论是一个真实的悖论——尽管一些数学家对他的结论非常愤怒，并且拒绝相信它，但是它在逻辑上是没有任何错误的。即使是在数学的逻辑世界里，如果一个结论让人感觉是错误的，那么仍然会有数学家拒绝相信它，尽管他们在证明中找不到任何逻辑错误的地方，哥德尔悖论就是这一事实的例子。悖论警告我们应该限制自己对数学能做什么的期望。数学家们现在已经大体上从那次冲击中恢复过来了。

事实上，甚至在这次冲击之前，数学基础早已遭受了来自伯特兰·罗素的威胁。

罗素悖论

我遇到过一些人，当我告诉他们我是数学家时，我经常会得到一些奇怪的回应。通常的回应是“哦！我不擅长数学”，最近通常是“我希望我能更多地了解数学”。有趣的是，有些人马上就会夸张地说自己在数学方面有多糟糕，而有些人马上就会炫耀自己有多博学。我曾经在一场婚礼中遇到一个男人，他立刻回应说：“罗素悖论难道不是表明数学是一门失败的科学吗？”这是一次特别奇怪的交流。因为如果一个人对数学有足够的了解，知道这个被称为罗素悖论的事物，那么他通常会充分理解为什么它不意味着数学是一门失败的科学。但是，这个人肯定是那种想要贬低我的人，他这么做也许是因为觉得自己不够好。

伯特兰·罗素（1872—1970）是一位哲学家和数学家。他的悖论始于 1901 年，也与保持层次分离的问题有关。罗素悖论可以用非正式的术语表示如下：

> 我们想象在一个小镇里有一个男理发师。理发师会给全镇上所有不自己刮胡子的男人刮胡子，无人例外。那么，谁给理发师刮胡子呢？

现在，我们设定理发师给所有不自己刮胡子的人刮胡子。所以，如果理发师不给自己刮胡子，那么理发师根据设定应该给他自己刮胡子。如果他不自己刮胡子，那么他就应该给自己刮胡子。这就是悖论。让我们来考虑小镇里的任意一个男人 A：

- *如果男人 A 给男人 A 刮胡子，那么理发师不会给男人 A 刮胡子。*
- *如果男人 A 不给男人 A 刮胡子，那么理发师会给男人 A 刮胡子。*

如果男人 A 是理发师（这是允许的，因为 A 指代的是镇子上的任意一个男人），那么结果是会出问题的。在这种情况下，上面两个陈述变成：

- *如果理发师给理发师刮胡子，那么理发师不会给理发师刮胡子。*
- *如果理发师不给理发师刮胡子，那么理发师会给理发师刮胡子。*

这两个陈述中的每一个陈述都会产生一个矛盾。这就是罗素悖论。在形式上，罗素悖论是以集合的方式呈现的。它说的是：假设集合 S 由一切不属于自身的集合组成，那么这个集合 S 包含集合 S 吗？如果包含，那么集合 S 不包含集合 S。如果不包含，那么集合 S 包含集合 S。这是一个悖论。

这种情况里的问题不在于逻辑本身，而在于我们开始时的陈述。对于理发师，我们能轻松地推断出不存在这样的理发师。我们也必须对集合做同样的事情：不存在这样的集合 S，也就是说，这不是定义集合的有效方法。

罗素悖论并没有破坏整个数学，这与我在婚礼上遇到的那个人试图宣称的恰恰相反。罗素悖论强调了我们在定义数学集合时需要考虑的一个重要的细微之处，即一些描述允许导致矛盾的集合存在，所以我们必须小心地排除这种可能性。这导致了集合理论非常谨慎的公理化，所以集合不仅是一个“事物的集合”，还是“可以由一定特定结构列表定义的事物，而非其他事物的集合”。公理的技术目标基本上是避免罗素悖论。我们的想法是，我们有不同的集合“层级”，有点像我们有不同的逻辑“层级”。罗素悖论是由涉及自我循环的陈述引起的。只要有不同的层级，我们就可以声明所有集合的集合都在不同的层级上，而这会防止我们造成陈述的自我循环。①

这一悖论，就像许多数学家研究的那样，似乎是相当技术性和抽象化的。然而，它帮助我理解了一些关于社会宽容度的关键问题。

容忍

有时我发现人们会对容忍和开放思想感到非常兴奋。你也许渴望成为一个宽容和思想开放的人，我认为这是一件好事。但这是否意味着你必须容忍仇恨和不可容忍的观点？这是否意味着对于封闭思想的行为你也不得不保持开放的思想？我会说不必如此。我认为这是罗素悖论的一种微妙形式，我们可以通过缩小自己的量词范围来解决这个问题。我们可能认为容忍意味着“容忍所有的事物”，但我反而认为我们应该说的容忍是“容忍所有不伤害其他人的事物”或者添加一些其他的限

①在罗素悖论中，我们设定“集合 S 是由一切不属于自身的集合组成的”，结果是这个集合不是一个普通的集合，而我们应该称之为元集合。那么我们的两个陈述如下所示：

- 如果 A 包含于集合 A，那么 A 不包含于集合 S。
- 如果 A 不包含于集合 A，那么 A 包含于集合 S。

这只适用于普通集合 A，而不适用于元集合。由于 S 是一个元集合，所以现在我们无法看到如果 A 是 S 会发生什么，因为 S 不是集合 A 的有效实例。这么做就避免了逻辑的崩溃。

定条件。

我认为这里存在一个结构，类似于双重否定相当于肯定。如果我不是不饿，那么我就是饿了。如果将所有的“不”相加，我们会发现一个“不”加上另一个“不”等于零个“不”。

+	0	1
0	0	1
1	1	0

这就是我说的巴腾堡蛋糕结构，因为这个结构就像巴腾堡蛋糕的构造一样：①

这是一个随处可见的数学结构。如果我们思考奇数和偶数的加法，那么会出现如下结构：

+	偶数	奇数
偶数	偶数	奇数
奇数	奇数	偶数

①我上一本书的读者会认出这幅图。我真的超爱巴腾堡蛋糕。

或者如果思考一下正数和负数的乘法，我们将会得到如下结构：

×	正数	负数
正数	正数	负数
负数	负数	正数

我认为，如果我们考虑容忍和不容忍，那么也会出现这种结构：

- 如果你能容忍容忍，那么这就是容忍。
- 如果你不能容忍容忍，那么这就是不容忍。
- 如果你能容忍不容忍，那么这就是不容忍。
- 如果你不能容忍不容忍，那么这就是容忍。

我们将这匹配进巴腾堡网格会出现如下结构：

×	容忍	不容忍
容忍	容忍	不容忍
不容忍	不容忍	容忍

对我而言，这意味着我完全可以容忍那些充满仇恨、有偏见、偏执或完全有害的人。而且，我觉得有必要站在他们面前，让他们知道这样的行

为是不可接受的。

解决这种悖论更长远的方法源自模仿数学家解决罗素悖论的方法——使用不同层级。在之前的情况里，层级是由以下方面组成的：

（1）经过谨慎定义的对象的集合。这些被称为集合。

（2）集合的集合。这些有时被称为大集合。

（3）大集合的集合。我们可能称之为超级大集合。

（4）超级大集合的集合。我们可能称之为超级超级大集合。

（5）……以此类推。

我们也可以对容忍进行这种操作。我们可以设定层级如下：

（1）事物。

（2）关于事物的想法。

（3）关于关于事物的想法的想法。我们可能称之为元想法。

（4）关于元想法的想法。我们可能称之为元元想法。

（5）……以此类推。

在这种情况下，我们可以容忍人们的想法，但是我们不一定要容忍他们的元想法。他们对其他人想法的不容忍接下来也可以被视为元想法，我们不必觉得需要容忍它。

重要的是要意识到，将概念划分为多个层级也可以被用来对付我们。例如，在共享知识的情况下，我们可以将层级设置如下：

（1）事物。

（2）关于事物的知识。

（3）关于关于事物的知识的知识。我们可能称之为元知识。

（4）关于元知识的知识，我们可能称之为元元知识。

（5）……以此类推。

当出现性骚扰的指控，尤其是针对一个知名人士的指控时，这种不利的情况就会出现。不幸的是，有时会出现相关行业内的人宣称“每个人都知道”这件事好多年了的情况。但是，每个人都知道每个人都知道这件事吗？这可能就属于元知识的层级了。有时，受害者在团结一致到足以推翻犯罪者之前，是需要元元知识的。这就是攻击者试图阻止受害者之间互相沟通的原因之一。他们会威胁受害人并且滥用权力，甚至争取和解和签订保密条款，或者提供其他形式的赔偿。在所有层级上共享知识和元知识是对抗这种操纵的重要工具。

令人惊讶的是，思考逻辑和数学悖论能让我们讨论那些与数学有明显距离的事物，比如容忍和开放思想。但对我而言，这只是事实的一部分，逻辑思维能在生活中的各个方面——甚至是在我们与不合逻辑者的个人互动中——帮助我们。

第十章

•

逻辑无法帮助我们的地方

•

突发事件、无知与信任

心脏外科医生斯蒂芬·韦斯塔比在《脆弱的生命》中写到，如果心脏停止跳动，那么大脑和神经体系将在不到5分钟内受到损伤。所以他通常只有5分钟或者更少的时间来决定如何做手术。这段时间可能不足以进行完整的逻辑分析——只有最简单的逻辑论证可以在这段时间内构建完成。如果病人在你得出合乎逻辑的结论时脑死亡，那么做出一个更长的符合逻辑的分析是完全没有意义的。

在这一章中，我将开始讨论逻辑不能完全帮助我们的情况。我们已经了解到，逻辑必须从某件事物开始，而这个起点本身不能来自逻辑。此外，我们将会发现，逻辑也可能在某个地方结束，就像一台机器耗尽了燃料。对于逻辑而言，燃料通常就是信息。如果没有将足够的信息注入逻辑的机器中，我们将无法走得更远。这可能是由于缺乏资源，或者缺乏时间，或者仅仅是因为在与其他人打交道时，我们不知道他们将如何回应。

这并不意味着我们应该直接违背逻辑，但它确实意味着在给定的约束条件下，我们对逻辑的依赖程度是有限的。我们将不得不调用一些不完全符合逻辑的东西来帮助我们走出这种困境。

情感、第六感或者直觉都可以帮助我们跨出至关重要的最后一步，这将是本书第三部分的主题。重要的是，我们要理解逻辑能让我们走多远，以及情感必须在哪些地方提供帮助，而不是假装逻辑能让我们到达所有地方。但是，我们要首先思考的是，逻辑能够从哪里开始发挥作用，而前提只能是找到起点。我们将从自己日常生活中非常自然的一部分——语言——开始。

语言

语言或多或少都具有一定数量的逻辑规则。在学习新语言时，令人挫败的一个原因就是似乎有大量的规则需要记忆，而且存在大量的例外。语言是逻辑与非逻辑的复杂组合。有些语言比其他语言更富有逻辑性。我一直很喜欢拉丁语的逻辑结构，但它仍然有一些东西是你必须记住的，比如动词的形成是如何变化的。英语至少在这方面没有太多需要记忆的，我们也不需要记忆名词的性别属性，但在英语中存在一个非常令人困扰的发音问题，英语的发音根本就是不符合逻辑的。虽然西班牙语的发音更符合逻辑，但西班牙语的语法规则仍然存在大量的例外。

我们可以追溯现在我们所说的语言的词源，观察它是如何随着时间的推移，通过逐渐变形，借用其他语言，有时甚至是误解，来演变成现在的形式的。但就像逻辑一样，在某一点我们会回到一个自己无法解释的起点。许多英语单词来自古德语或者古拉丁语，但是那些词又是从哪里来的呢？一本词源辞典告诉我，“猫（cat）”来源于拉丁语，但最终可能会追溯到亚非语系。在历史中的某个时刻，为什么人们觉得“猫”是用来指代毛茸茸的、四条腿的小动物的一个好的方式？有些词的选用比其他词更加显而易见，比如“布谷（cuckoo）”，它听起来或多或少有点儿像这种鸟发出的声音。“猫”在粤语中是音调上扬的“mow”[和英文中的母牛（cow）同韵]，这听起来非常像猫发出的声音。无论如何，这都比英文中的“猫（cat）”形象得多。这些就是语言的起点，它们肯定曾经源于某种自由或者随机的联想。毕竟，并不是所有概念都会发出声音，以使我们通过拟声来为它们命名。

学习一门新语言的困难之一是你必须掌握一定数量的词汇才能开始学习这门语言。一定的记忆量是很难避免的。然而，就像学习乘法表一样，我发现记忆对于实际使用这门语言没有什么帮助。因为当你说话的时候，你没有时间去思考动词变化，从而选择一个正确的词语，你必须更快地从意识中某些非逻辑的、根深蒂固的地方找到词汇。我们没有按照逻辑来学习自己的母语，而是通过沉浸、模仿、情感联系以及欲望来实现的，比如“妈妈”“爸爸”“猫”“球”“更多”“我的”。人们常常试图按照逻辑来推进语言的学习，而且不得不学习英语不合逻辑的地方，唉！他们可能开始去注意过去时是如何构成的，但接下来他们会说出这样的话：“妈妈给过我冰激凌（Mummy gived me ice cream，此处gived 应为 gave）。”

孩子们往往是通过家长在指向某个东西，或者递给他们某个东西时，一遍又一遍地说给他们听来学习词语的。当家长给他们喝牛奶时，他们会反复听到“牛奶”这个词，并最终建立起联系。对于为什么这个声音相伴而来的是这个概念，没有人能解释：这就是起点。

灵感闪现

在一个创造性的过程中，起点可能被认为是灵感的闪现。你可能会争论它们是否真的存在，但我确实有过可以被如此形容的时刻。也许把它们称为“想法”就不那么夸张了。那么想法从何而来呢？

艺术和音乐可能是最容易产生灵感的地方。我既不是一位多产的作曲家，也不是一位多产的艺术家，但我一生中创作过各种各样的音乐作品（其中有一些是我非常喜欢的），并且创作了一些真的令我感到自豪的艺术作品。在创作中，很多创意突然就冒出来了，我也不知道它们从何而来。有些音乐是我读过一首诗之后以歌曲的形式创作出来的，音乐随着这首诗飘进了我的脑海。这是不符合逻辑的。音乐的展开是有“符合逻辑”的方式的，伟大的作曲家对这些技巧了如指掌。它可以是主题的发展，可以是和声的构成，还可以是伴随着相互交织的主题引入不同“声音”的复调音乐。一些作曲家，如著名的巴赫和勋伯格，他们曾使用对称性将自己的部分作品转换成新的但与原作相关的音乐。不幸的是，作为一名作曲家，我对这些技巧都不熟练，所以我只能等待音乐飘进我的大脑。这可能是我不是多产的作曲家，以及我写的作品都很短的原因。

巴赫在写和声时遵循的规则是非常严格的，但他仍然有足够多的艺术选择空间。同样，体育运动中的规则仍然在规则间留下了无穷多可能的结果。莎士比亚十四行诗的结构规则是相当严格的，但在遵循这些规则的同时，仍有大量的选择和表达空间。规则限制了允许的范围，但是规则本身并不能决定这首诗的走向。

数学是另一个常常由灵感来启发我们思考的领域。正如我们在第八章中提到的，灵感闪现是进行数学证明的非逻辑过程的一个方面。一旦有了想法，我们就可以使用逻辑来推进，但是逻辑论证是在我们检验并且展示自己想法的稳健性时才会出现的。在本书的下一部分，我们将看到，在现实生活中，这也不失为一个寻找逻辑论证的有效方法——我们可以从对一个情境的本能感觉或者本能看法出发，然后试着揭示其中的逻辑。这肯定比简单地宣称所有观点都是“事实”要有力得多。

逻辑结束的地方

关于逻辑从哪里开始我们就说到这里，那么逻辑在哪里结束呢？即使我们已经理解或者决定了我们逻辑的起点（或者公理），在有些情况下它们也不能完全决定我们应该做什么决定。想象一下，我们正从餐厅的菜单中做选择。

腌烤鸡胸肉——18.50 英镑

搭配焦糖菠萝、椰子酱和野生稻米

油煎鸵鸟肉——21.00 英镑

炖菜垫底，搭配迷迭香和红醋栗汁

炭烤菲力牛排——26.95 英镑

搭配斯蒂尔顿奶酪和红葡萄酒酱

烟熏黑鳕鱼糕——16.95 英镑

搭配菠菜、荷包蛋、酸辣酱和薯条

烤夏日蔬菜挞——17.95 英镑

淋松露油

所有主菜都配有新鲜的时令蔬菜

也许你已经决定消费不能超过 20 英镑，而且你不喜欢鱼。这从逻辑上限制了你的选择只能是鸡肉或者蔬菜挞，但是除此之外，逻辑不会告诉你任何事。在这一点上，选择鸵鸟肉是非常不符合逻辑的，但是选择鸡肉是否完全符合逻辑呢？我更愿意说这在逻辑上是合理的，而不是说这是完全符合逻辑的。

做决定很困难的原因之一是，在大多数情况下，逻辑限制了我们的可能性，但仍然留下了几个符合逻辑的选择。生活是非常复杂的，而且生活中很多事物都是未知的，结果就是我们常常会陷入逻辑无法完全替我们做决定的境地，我们很容易就变得优柔寡断。

为了做决定，我们可以做一些事。我们可以试着向体系中添加更多的公理，这样逻辑的选择就会缩小到一个。例如，我们可以在最后一刻决定，在没有任何其他偏好的情况下，你想尝试一些从未吃过的东西，那就意味着选择焦糖菠萝；或者你可能会选择满足你需要的最便宜的东西，那就是蔬菜挞；或者你可能会考虑哪道菜听起来最吸引人，你在想象这些菜的时候，看看哪一个会让你流口水；或者你可以掷硬币。

有时，直到最后一刻我才能做出决定。当服务员已经为其他所有人点完单时，我如果继续拖延，就可能会为他人制造麻烦。时间压力是帮助或者要求我们推翻逻辑的因素之一，因为逻辑实在是太慢了。

紧急事件

在紧急情况下，我们必须以这样或那样的方式迅速做出决定。如果我们在完成逻辑推理之前就被迎面而来的卡车轧扁了，那么做出一个更符合逻辑的推理也是毫无意义的。但是，这并不意味着你应该做一些违背逻辑的事情。

如果着火了，那么我希望你的本能反应是“我必须冲出去”。如果这是一种瞬间的本能反应，那么它可能并不是严格符合逻辑的后续行为。但这也不是不符合逻辑的。我们可以用一系列的逻辑推论来表达，从

A：着火了。

到

X：我必须冲出去。

它可能是这样进行的：

A 为真　　（着火了）。
A 蕴涵 X　　（如果着火，那么我必须冲出去）。
因此 X　　通过演绎推理（我必须冲出去）。

抛开对数学家的刻板印象，我无法想象有人会迂腐到一边从大火中跑出来一边喊“演绎推理！”

然而，向一个孩子解释为什么要逃离火灾是很重要的。也许孩子们还不理解火灾，所以你可能需要插入另一个层级的解释：

令 A= 着火了。
令 B= 我留在原地。

令 C= 我被烧伤。

于是，我们得到：

A 为真。

A 和 B 蕴涵 C。

C 蕴涵着不好。

因此，我必须确保 B 是错误的，也就是说我必须离开。

用逻辑术语来表达这些似乎有一点儿过头了，但它确实显示了在某种程度上逃离火灾在本质上是合乎逻辑的，虽然你不是每次都会经过这些逻辑步骤来得出结论，因为你已经把它们内化了。

另一方面，我认为我们都同意以下语句不是一个逻辑的推论：

着火了。

我仍然留在原地。

有时候，一些事物开始是合乎逻辑的，接下来我们经过重复，将它们嵌入自己意识里更深的地方，比起通过逻辑思考的过程，我们能够更快地获取它。（这有点儿像我们通过不断地使用动词来将它们植入自己的意识，而不仅仅是通过使用规则来学习它们的变化形式。）我想说的是，这个结论是合乎逻辑的，尽管我们并不是通过完全符合逻辑的方式来获取它的。

似乎存在这样一个过程，在通过这个过程后，一些符合逻辑的事物就会深深地植入我们的感受，于是我们接下来就可以通过感觉而不是逻辑来获取它们。但是，如果真的需要解释这些事物的逻辑性，我们也应该有能力把它们转回符合逻辑的解释。通过感觉获取事物比通过逻辑获取事物更快，这就是为什么我认为变成拥有强大逻辑的人的一个方法就是将逻辑转化成感受。这就像你仅仅依靠感觉或者本能就能够在城里找到路，而不必一定要有能力画出一张地图或者能够给别人指路。

信息不充分

在点餐和紧急事件的情况里，逻辑会因为周围没有足够的信息而失效。点餐时，通常我会决定吃热量最少的那道菜，但是只有信息有效时我才能合乎逻辑地这么做。否则，我将不得不猜测信息，然后运用我的逻辑。

在紧急情况下，可能没有足够的时间进行所有必要的逻辑推理或收集所有必要的信息。这可以在紧急情况下发生，也可以在运动中发生。在运动中，球的轨迹在原则上是完全由物理来决定的。但是，我们不可能在击球前及时完成所有必要的测量来进行计算。这可能是因为缺乏资源，也可能是因为缺乏物理上的可行性。国际象棋在原则上是一种非常合乎逻辑的游戏，但由于不同走法相互组合，它变得非常复杂。因此，在物理上是不可能处理所有符合逻辑的可能性的。

原则上，天气预报也是完全由一些物理定律控制的。但是，我们无法收集所有的数据，而且可能存在过多的数据和过多微小变量的相互作用，以至体系在某些地方变得“无序”。这是一个数学术语，意思是体系在理论上是完全取决于所有数据的。但是，实际上它对微小波动非常敏感，在预测方面，它差不多是随机的，因为我们永远无法收集足够精确的数据以避免这些波动。当天气预报出现问题时，我们不应该过多地责备它，因为在实践中，这个体系已经超出了逻辑的范围。

另一个因数据的复杂性和数据不足而受阻的例子出现在经济学中。经济理论可能会受到这样一个事实——我们并不确切地知道人类将如何应对某些特定的情况——的阻碍。例如，一些人肯定地说，提高高收入人群的所得税并不会带来更多的收入，因为富有的人将会离开这个国家。这可能是真的，但是我们不能确切地知道人们在假设的情况下会做什么。自称知道答案的人，充其量只是对自己的猜测有着不合理的确定性而已。

原则上，我们有可能完全从逻辑上理解这个世界，但这在实践中永远不会发生，因为我们几乎能确定永远不会有足够的信息。任何涉及人类对事物反应的结果几乎肯定都是对人类行为的猜测，而不是符合逻辑的推论。

这也是在一个“得票最多者当选”的选举体系中，投票变得如此复杂的原因之一。在这个体系中，获得最多票数的人赢得选举，不再考虑第二个和第三个选项，正如英国大选和美国总统选举一样。①如果你的主要目的是防止某个人当选，那么你必须猜测其他人是如何投票的，以便知道哪个候选人最可能打败你真正反对的对象。问题是，如果很多人都试图猜测，那么情况就会变得相当混乱。为了强烈反对某一特定候选人，提前决定作为一个团体投票给谁也是一件棘手的事情。你怎么知道每个人都会按照约定行事？仅仅依靠逻辑是无法解决信任问题的。

①在美国总统的选举中，目前大多数州（但不是所有州）都采用“得票最多者当选”的制度来任命总统选举团的选举人。

信任与囚徒困境

因为我们无法得到关于另一个人将如何行动的全部信息，所以我们经常不得不猜测他们的行动。这往往是一个信任的问题。我们是把某人猜想成最好的还是最坏的呢？

你可以根据过去的经验或者他们过去的行为来做出决定，但在某种程度上，信任某人是一种信任上的飞跃。以前表现得值得信赖的人通常在日后会失信。有时候，你只能依靠直觉来决定相信某人还是不相信某人。

囚徒困境是一个检验逻辑问题和信任问题的难题。我们想象有两名囚犯因为共同犯罪而被捕，但他们被分开关押，这样他们就能被有效控制，而且不能相互交流。

让我们再一次称呼他们为亚历克丝和萨姆。检察官给他们每人一个坦白从宽的机会。检察官承认他们没有足够的证据来证明这两个人的主要罪行，所以在没有更多证据的情况下，他们只能为这两个人定下较轻的罪名，亚历克丝和萨姆都将面临一年的刑期。然而，如果亚历克丝作证指控萨姆，那么检察官就可以判萨姆更严重的罪（他将被判 10 年），作为回报，亚历克丝将被释放。如果萨姆作证指控亚历克丝，那么亚历克丝将被判 10 年，而萨姆将被释放。如果他们两人都作证指控对方，那么他们将分别被判 5 年。如果他们中的一个人作证指控对方，而另一个人没有作证，那么最后他们不能突然改变主意决定接受坦白从宽的机会。

这听起来有点儿令人困惑，所以我在这里提供了一个网格，它显示了可能的行动及其结果。萨姆的结果在每个方块的左下角，亚历克丝的结果在每个方块的右上角：

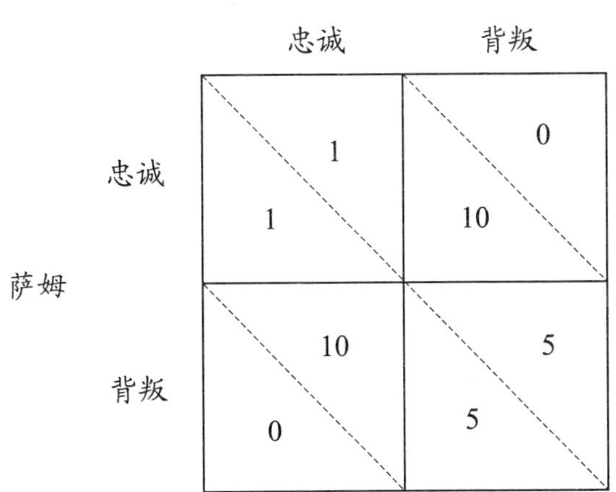

现在，如果他们都保持忠诚，他们都只会被判处一年的刑期。但是想象一下你正在以亚历克丝的身份思考这种可能性。如果你保持沉默，那么你必须相信萨姆也会保持沉默。如果萨姆真的把你送进去然后自己获得自由了呢？于是指证萨姆就成为更安全的选项了，这样能有效地避免这种可能性。与此同时，萨姆也在想同样的事情：指证是更安全的，以防亚历克丝不能坚定地保持沉默。所以他们都会指证对方，并且都被判处 5 年的刑期。而如果他们都保持沉默，他们将被判处一年的刑期，但是这一选项需要信任。你必须相信其他人是完全有逻辑的，而且你也必须相信他们会相信你是完全有逻辑的，以及相信自己是相信他们完全有逻辑的，以此类推。难怪，这对真实人类的期望是有一点儿过高了。

有时候，考虑相同基本情况下的更极端版本可以帮助我们理清自己的想法。想象一下，某个邪恶的对手正在要求团队中的成员通过告发团队的形式来背叛他们的团队。如果你告发这个团队，那么你将得到 1 000 英镑的奖励，其他所有人将被罚款 1 000 英镑。如果有其他人告发了这个团队，那么你将被罚款 1 000 英镑，但是如果你也告发了这个团队，那么这只意味着你的奖励会被抵消为0。但是，如果没有人告发任何人，那么每个人都会得到500英镑的奖励。

这种情况下，你的奖励将会如下述网格图所示：

你	其他人忠诚	其他人背叛
忠诚	£500	-£1 000
背叛	£1 000	£0

你会怎么做？如果涉及的其他人只是你最好的朋友，那么希望你们足够了解并且信任对方，知道彼此都不会告发对方，然后各自带着500英镑回家。然而，让我们想象一下在一个由100名陌生人组成的团队里做这个测试。你认为没有人会告发这个团队的可能性有多大？我想这是不大可能的，所以我很可能会自己告发，以免自掏腰包。

事实上，博弈论的逻辑认为，背叛在逻辑上是一种精确意义上的最佳策略。这是通过检查背叛可能会造成的结果来衡量的。我们不知道其他人会做什么，所以我们必须考虑每一种可能性，并且问自己在背叛和保持沉默中哪一种是更好的选择。我们观察一下上面的表格，依次考虑每一列的情况，看看我们这两种可能的行为中哪一种行为产生了更好的结果。我们发现，在这两种情况下，背叛都会给我们带来更好的结果。

在其他人忠诚的情况下，背叛的结果会更好，你将得到 1 000 英镑。在其他人背叛的情况下，背叛的结果会更好，你将得到 0 英镑，而不会被罚款。

这告诉我们，在所有他人行为的情境中，如果你背叛别人，那么你会得到更好的结果。在博弈论中，这被称为占优策略。从逻辑上而言，在任何一种情况下，这都是你为了获得最好的结果应该采取的策略。然而，如果每个人都能以某种方式进行合作，并且站在占优策略的对立面，那么每个人都会得到更好的结果。

在另一个例子中，信任和合作会带来极为不同的结果，那就是气候变化的问题。气候协议的理念是所有国家都要合作。合作牵涉到一些成本，但好处将是全球性的。如果没有人合作，那么对世界的影响将是巨大的。然而，如果一个国家叛变并且拒绝合作，那么这个国家将是受益最大的，它不仅不承担在排放问题上合作的成本，还能从全世界其他国家都在改善气候状况这一事实中获得全球利益。现在，根据囚徒困境的逻辑，我们应该期望每个人都叛变。但令人振奋的是，这并不是普遍的情况。

不幸的是，这种情况和囚徒困境之间有一个不同之处，即不同的当事人对奖励相信的程度不同。在气候变化的情况中，有些人不相信减排有任何好处，因为他们不相信表明人类正在加剧气候变化这一事实的证据。即使他们相信这些证据，他们也可能也会正确地意识到，既然地球上几乎所有国家都宣布了自己的减排计划，那么在全球范围内，最后一个国家做与不做，也不会有那么大的不同。因此，他们可以通过不对基础设施进行减排改造来节省资金，但仍然可以从其他所有进行减排改造的人那里获得整体回报。这与“公地困境”有关。在公地困境中，共同的资源可以由一个群体适度使用，但是一些人如果自私地过度使用，就会耗尽这种资源，最终会对整个群体造成伤害，包括他们自己。公地困境更多地关注可持续的情况和不同时间尺度的利益，而囚徒困境则关注逻辑与怀疑的奇妙结合导致体系崩溃的情况。

也许，一段关系或者一个群体内部的信任等级可以通过他们在面临囚徒困境时合作的程度来衡量。有趣的是，群体的信任程度和凝聚力似乎意味着他们可以违背博弈论的逻辑。但是，群体规模越大，信任就越脆弱。至少在原则上，这种凝聚力和脆弱性是可以在个人关系、家庭、社区、国家以及世界层面出现的。我认为这实际上是说，如果一个群体充满了足够的信任，能够作为一个密不可分的整体，而不是一群自私自利的个体集合，那么情况中的逻辑就会发生变化，每个人都能从中受益，而不是所有人都因为几个自私的个人遭受痛苦。它表明，在某种意义上，不合乎逻辑的行为产生的结果会比合乎逻辑的行为产生的结果更好。在某些情况下，单独从逻辑上相信是不够的，如果我们还能从更加人性化的思维角度去相信的话，那么无论是作为个人还是作为一个群体，我们都会从中受益。

在本书的最后一部分，我们将探讨当超出逻辑的范围时，理性的人类应该做些什么。我们已经看到，逻辑不能解释和决定世界里的一切，所以当逻辑达到极限时，我们将不得不做一些事情。我们不应该假装那些非逻辑的事物是符合逻辑的，但是我们也不应该假设那些非逻辑的事物是不好的。

第三部分

逻辑与情感

第十一章

•

公理

•

逻辑本身并没有起点。它包含了一种从已知事物中进行推理的方法。因此，为了从逻辑上推断某些事物，我们必须从某个地方开始。人们通常认为极限是出现在终点的，但是，极限也会出现在起点。

我们已经接触了逻辑的这种极限，这一极限来自对所有真理根源的好奇。就像为一门新语言构思单词一样，我们必须从某些真理开始，然后才能运用逻辑去发现更多的真理。在数学中，我们从称为公理的事物开始，而在生活中，我们是从自己的核心信念开始的。

公理是体系中的基本规则。我们不会试图去证明公理，只是接受或者选择它们作为产生其他真理的基本真理。在数学中大致有两种方式来使用公理，我认为可以分为外部驱动和内部驱动。

内部驱动的方式是，我们选择一些公理，观察它们从逻辑上产生了何种体系。在这种情况下，任何公理都是有效的，因为我们假设它们在体系中是正确的，以此观察会得到什么结果。唯一会出现的问题是如果公理引起了矛盾，那么整个体系就会崩溃，变成一个无效体系。在这个体系中，所有事物都是既正确又错误的。这在数学上并不是不正确的，它只是意味着在这个体系中没有关于真理的合理概念，所以它不是一个非常具有启发性的地方，我们无法在这个地方理解和塑造任何事物。

在现实世界中，这为我们提供了一种引导思维实验的方法。例如，我们可以想象一个没有性别收入差距的理想世界。或者我们可以幻想在某个世界中，人们不会容忍性骚扰的肇事者，尤其是那些拥有较大权力和影响力的人。我们可以想象一个世界，在这个世界中每个人对性骚扰的举报都是被自动相信的，这是非常具有启发性的。将会发生什么事呢？首先，这意味着每天都会有大量女性举报男性对她们造成性骚扰。（当然，一些男性也会是受害者，一些女性也会是骚扰者。）大量的男性将会被免职。他们要么被女性取代，要么被男性取代，而男性则又面临着被指控的巨大风险。也许男人们会开始害怕虚假的指控；也许雇主们会开始降低雇用男性的概率，以防这些男性接下来会被指控性骚扰。如果你认为这是一种站不住脚的状态，那么我们有必要回过头来想想，即使不是全部，大多数女性也一直害怕性骚扰。我们将用男性害怕的性骚扰指控来取代这种情况。同样有必要记得的是，有些人不愿意雇用女性，因为她们可能会怀孕（尽管在许多国家，这种歧视是违法的），我们将用公司不愿意雇用男性以防止他们性骚扰女性来取代这种情况。稍后，我们将讨论如何以这种方式来使用类比，以在不同的观点之间转换。想象一个拥有全新基本公理的世界并不意味着我们认为它应该发生，只是因为它能帮助我们理解复杂的情况。通过它我们能够理解一些事物，例如自己距离那个世界有多远，为了到达那个世界我们可能还需要改变什么，以及可能会得到哪些意想不到的结果。

外部驱动的方式是从一个你试图理解的世界（比如数字、形状、关系、外貌，或者我们真实生活的世界）开始。公理化的过程是我们寻找基本真理的过程，这些真理从逻辑上产生了其他一切真实的事物。欧几里得的几何公理学是一个著名的公理学，他提出了 5 条规律，从这 5 条规律中应该可以推导出所有其他的几何规律。

外部方式和内部方式之间的差异，有点儿像搬到另一个国家并试图了解那里的法律，与从零开始建立一个新的国家和基本规则之间的差异。

对于同样的体系，通常有不同的方法来将其公理化，所以我们应该考虑什么是一个好的公理集合。首先，公理应该肯定是正确的，而且也应该是基本的。所以，公理应该是你真的无法再分解为更小部分的事物。人们通常希望公理尽可能少，也希望公理具有启发性，能够突出一些结构的重要方面。有时，把事物缩小成一个更小的公理集合是可行的，但代价是牺牲一定的清晰度。

我们通常是不想要冗余的公理的——如果我们能从其他公理中推断出其中一个公理，那么我们可能不需要把它作为一个公理。多年来，数学家们一直怀疑欧几里得第五公理（关于平行线的）是多余的，并且试图通过其他四个公理来证明这一点。但事实证明他们是错误的——放弃第五公理会给你留下一个完美的数学体系，但它只不过是略有不同的几何学类型。

数学中的公理类似于我们的个人核心信念。

我们的个人公理从何而来？

在生活中，对我们的信念体系进行公理化，有点儿像从外部的视角对数学体系进行公理化。我们可以从思考所有自己认为是正确的事物开始，然后试着把它们归结为一些基本的信念，其他的一切事物都是从这些信念出发的。只要不引起逻辑上的矛盾，事物就是真实有效的。如果引发了逻辑上的矛盾，那么你的信念体系就会崩溃。当然，如果你想成为一个有逻辑的人，那么情况只能是这样的。如果你不努力成为一个有逻辑的人，那么你可能会非常乐于相信矛盾。但是，即使是两个有逻辑的人也可能会在事情上产生分歧，这只是因为他们有不同的核心信念——他们正在使用不同的“公理”。这并不一定意味着他们中的某个人是不合逻辑的。

接下来，有两个稍微独立的问题：我们如何得出自己的个人公理？我们从哪里得到这些公理？

要确定我们的基本信念，我们可以从我们的任何信念开始，并且问自己为什么相信它。不停地追问“为什么”是揭示事物背后深层逻辑的一种方法。以下问题可以帮助我们理解数学的本质。如果我们问为什么物理世界的各个方面会以这种方式运作，那么这些问题可能会由科学来解答。如果我们问为什么科学的各个方面会以这种方式运作，那么这些问题会由数学来解答。如果我们问为什么人类的各个方面会以这种方式运作，那么我们可能需要进入心理学领域，要想从终极解答这个问题，则最终会走进哲学领域。

要想回答自己有关信念的“为什么”的问题，我们需要具备一定的逻辑能力，这样我们就能揭示长串的逻辑蕴涵链，发现自我意识。另一方面，要想知道别人的公理是什么，我们需要同时具备逻辑能力和同理心。因此，我们发现逻辑和带有更多情感的事物之间是存在相互作用的。

我个人的公理可以分为三大类：

（1）善良：我坚信善待他人。由此衍生出了其他信念：帮助他人，为社会、教育、平等和公平做出贡献的信念。

（2）知识：我坚信为获取不同学科的知识而建立起来的框架。在此基础上我相信科学研究和历史研究。

（3）存在：我相信我们是存在的，以一种务实的态度来顺应我们的生活。我对这一点不太确定，即使我持相反的观点，可能也不会有太大的区别。但我选择把它包括进去，因为这看起来比相反的观点更有帮助。

第二点对我来说非常重要，因为这意味着如果我通过证据判断某些事物是合理的，那么我会相信它们。这并不是完全符合逻辑的，因为我并没有将所有这些推断都追溯到它们完全符合逻辑的起点。但是，添加第二个公理意味着在我的公理体系内，我已经将这些推断追溯到它们完全符合逻辑的开始了。例如，我坚信重力的存在，虽然我无法从逻辑上理解它。因此，我不知道如何在数学中追溯到它的基本原理，但是，我确实知道如何将它追溯到我个人信念体系的公理上，因为它来自我的信念，即科学家可能是正确的。

我认为我们必须接受自己逻辑体系的起点，这样才能有所成就。在数学和生活中也是如此。重要的是，我们要清楚这些起点是什么。正如我们将看到的，这样做可以帮助我们识别更加复杂的信念，还可以帮助我们确定为什么其他人可能在一些更复杂的信念上与我们的看法不一致。

我们从哪里得到自己的公理？

我们从哪里得到自己的公理呢？这个问题更具哲学性，但也非常重要，因为它可能帮助我们从根本上理解那些与我们有本质上的分歧的人。我们大多数人的个人信念来自我们的成长过程、社会环境、教育水平、生活经历以及直觉的综合影响。有些事物是父母灌输给我们的，但是我们大多数人的观点并不会和父母的观点完全一样，这意味着一定有其他事物影响了我们。教育可以拓宽人们的世界观，引导人们以不同于父母的方式来看待事物，生活经验也是如此。除了个人信念，有些信念似乎并没有特别的来源。但是如果我们仔细想想，我们可能会发现个人信念是从哪里来的。

例如，我相信成为善良的人比成为正确的人更重要，我只是强烈地感觉到了这一点。但是如果仔细想一想，我就会发现它来自我生活中的经历，当我被别人的行为伤害时，我越来越强烈地相信善良的重要性。

我相信教育是我能为这个世界做出贡献的最重要的方式，我只是再一次强烈地感受到这一点。但是我如果检查这种感觉的来源，就会发现它是一个结合体，来自我的父母和我的钢琴老师灌输给我的价值观，还有许多证据表明我并不适合做一名医生（在医学院的记忆太多）或者勇敢奔赴战场拯救人民（我太害怕身体上的危险）。

有些人可以把他们所有的根本信念追溯到宗教。但这仍然留下了一个问题，就是他们的宗教信念来自何处。对于一些人来说，宗教信念可能来自他们的父母和他们的成长过程，可能通过他们的教育得到加强。对于另一些人来说，宗教信念来自他们生命中的某个特定时期，通常是在不幸的悲剧或者创伤之后。宗教信念也可能来自一个风云人物的影响。理解人们的根本信念是什么可以帮助我们找到分歧的根源，理解人们的信念从何而来可以帮助我们理解如何应对这些信念。

或多或少的根本信念

一种使信念体系公理化的方法就是把每一个单独的信念都当作公理。这当然意味着你所有的信念都可以利用逻辑从公理中推导出来，但这并没有取得任何成果。这有点像千层面的食谱，里面唯一的原料就是“千层面”。相反，公理化的意义在于理解一个体系的根源，以及理解是什么将这个体系维系在一起的。

把所有的信念都当作公理，将会消除遵循某些逻辑推断的必要性，尽管这不是完全不符合逻辑的（这并不与逻辑相矛盾），但这很难成为一个成熟的观点。这将是一种相当极端的情况，但是我们确实遇到过一些人，他们根本无法充分证明自己的某些信念是正确的——在没有任何正当理由的情况下，他们把相当复杂的信念当作基本信念。例如，一个人可能会说：“我反对同性婚姻，因为我认为婚姻应该是男人和女人之间的事情。”这可能听起来像是一个理由，因为这句话中确实有“因为”这个词。但是，这句话实际上只是对最初那个信念的重申。

我们的基本信念根植于某些超越逻辑的事物。然而，有时抽象可以帮助我们在自己相信的事物中找到更基本的东西。正如我在第二章中讨论的，我发现我对税收和社会服务的信念根植于一个更基本的信念，即错误否定比错误肯定更糟糕。我们将在第十三章中回到这个问题上。

作为一个相关联的问题，我认为每个人的处境都是自身和周围环境互动的产物。我相信人类不是孤立的生物，我们与周围的事物有着千丝万缕的联系。由此而来的成功或不幸，都是各种因素集成作用的结果。我也因此得出自己更为基本的信念，即我们应该从体系而不是个体的角度来理解所有事物。就像在第五章中讲的那样，无论是理解人类，还是理解一个情况的成因，还是理解数学对象——后者是我在范畴论领域进行数学研究的原因，范畴论都是一门专注于事物之间的联系以及它们所形成的体系的学科。

话虽如此，但我的确相信每个人都应该对自己负责，与此同时，我也相信我们都应该彼此照顾。个人的责任到底在哪里结束，集体的责任究竟从哪里开始，对此我不太确定。然而，这确实引导我产生了另一个更基本的信念：生活中有许多灰色地带，重要的是我们要理解它们到底是什么，而不是忽视它们或者强迫它们黑白分明。这可能意味着，在涉及灰色区域的地方我们是无法完全符合逻辑的。在下一章中，我们将研究处理灰色地带的不同逻辑方法，并会看到其中有一些方法是非常不受欢迎的，这些方法会以不正确的方式将我们推向极端。我们还将看到，当我们穿过一个灰色地带时，一开始，事物可能看起来像是“一样的”，然后逐渐演变成看起来不同的事物，尽管框架在某种程度上是相同的。在第十三章中，我们将对此进行进一步讨论，并且分析类比是如何起作用的，以及我们如何利用类比在不同的事物之间进行转换。类比法的一大问题是我们要判断什么时候它们可以算作一个好的类比，或者什么时候它们被过度使用了。在第十四章中，我们将讨论什么时候事物应该被算作相同的，或者什么时候应该被算作不同的。错误的等价是一种普遍存在的逻辑谬误，但是在正确的逻辑等价和错误的逻辑等价之间有一个灰色地带，处于这个地带的事物在某种意义上是相同的，我们只需要找到它。在第十五章中，我们将观察如何使用所有的技巧来调动自己和别人的情感，试着更好地与其他人达成一致。最终，我们将在最后一章刻画一个优秀的理性人类的形象（而不是一个完美的计算机），并且描绘出精彩的合理论证应该是什么样子的。

第十二章

•

界线与灰色地带

•

最佳食用日期的笑话

在我大一上学期的一个晚上，午夜之前，我发现另一个新生正在厨房里吃一碗麦片。他解释说，根据最佳食用日期，他的牛奶将在午夜变质。我们当时尽情地嘲笑了他，在他的信念中最佳食用日期是如此精确，牛奶会在午夜突然变质，就像灰姑娘的马车突然变成了南瓜一样。

不幸的是，许多更严重的问题产生于我们试图解决的处于渐变之中的事物。如果我们不够谨慎，逻辑会把我们推向极端。所以，我们如果不想一直采取极端的立场，就必须做一些更加符合人性的事情。符合人性的方法比逻辑更微妙。事实证明，我们的大脑能够以一种微妙的方式处理灰色地带，这种方式似乎并不完全符合逻辑，但似乎确实行得通。我们应该在人类的细微差别内部找到逻辑，而不应该用逻辑来推敲道理。处理源于不同逻辑解释的灰色地带有不同的方法。在本章中，我们将讨论这些方法，还将讨论最简单的画线方法的缺陷。允许一些不确定性的存在可能会令人不安，但它可以避免画线造成的极端和异常。

在简·奥斯汀的《傲慢与偏见》中，我最喜欢的时刻之一是伊丽莎白问达西先生他是如何以及何时爱上自己的，达西先生回答：

> 我也说不准究竟是在什么时间，什么地点，看见了你什么样的风姿，听到了你什么样的谈吐，便爱上了你。那是好久以前的事了。等我发觉我自己开始爱上你的时候，我已经走了一半的路了。

达西先生无法画出一条线——没有爱上伊丽莎白和爱上伊丽莎白的分界线。这样的线可能在哪里呢？他知道的只能是在某些时刻，他并没有爱上她，而在后来的某些时刻，他确实爱上了她。这是可以理解的，因为爱一个人是一个有点儿朦胧和模糊的概念，它是会逐渐增长的（除非是一见钟情的情况，如果这真的存在的话），在绝对的“不”和绝对的“是”之间存在很多灰色地带。

灰色地带是人类经验的重要组成部分，但是并不能通过逻辑得到很好的处理。逻辑就是要消除歧义。排中律迫使我们将整个灰色地带归为黑色部分或者白色部分。虽然这比那种假装整个灰色地带都不存在的非黑即白的思维要好，但是如果人们追求逻辑是为了得出严格符合逻辑的结论，那这么做同样也会促使人们只考虑黑色或者只考虑白色。

我们在日常生活中使用的语言似乎变得越来越极端和确定。人们会评价某个事物是“最好的”（或者最坏的）。他们在试图安慰我时会说“一切都会好起来的”，他们在向我做广告时会说“你肯定不想错过这个！”诚然，“你可能不想错过这个”这句话确实听起来不那么出彩。但是，我担心这个世界会变成一个几乎必然存在缺陷的世界。我们应该理解处理灰色地带的不同方法，然后变得更擅于应对它们之间的细微差别，而不是渴望得到黑白分明的虚假承诺。

蛋糕

我自己思考时也无法避免极端。下面是我容易发胖的原因：

- 吃一小块蛋糕也无妨。
- 不管我已经吃了多少蛋糕，再吃一口都是无妨的。

不幸的是，从逻辑上来看，这意味着吃任何数量的蛋糕都是可以的，只要你一次只吃一口。不幸的是，这就是我经常做的事。

下面是另一个即使严格符合逻辑也不会完全有帮助的例子。避免吃无限量蛋糕的唯一方法就是决定吃一小块蛋糕也是不可以的。比起只吃一小块蛋糕然后停下来，我更擅长完全不吃。麻烦的是，我周围的每个人都可能会指出，只吃一小块蛋糕本身是可以的。

还有一种情况，在这种情况下逻辑把我们推到了两个极端的位置之一：

- 吃多少蛋糕都是不可以的。
- 吃无限量的蛋糕是可以的。

问题就在于灰色地带。我们无法在合理的蛋糕量和“太多”之间画出严格的分界线。家长们很容易画出这些分界线来阻止孩子们狼吞虎咽地吃蛋糕，但是孩子们不会被愚弄——他们很容易看出这些界线是随意的，于是他们试图通过多吃一口、再多吃一口来推动界线。他们会说自己需要去厕所、拿个玩具、喝些水，或者提出其他一些虚假的要求，以此来延长两分钟，然后再延长两分钟来推迟睡觉的时间。但是实际上，就寝时间本身就是模糊的，它是在“合理就寝时间”和“过晚就寝时间”之间的灰色地带中任意设定的一条分界线。

摆脱这种逻辑的方法之一就是耸耸肩，然后说：“某个事物是符合逻辑蕴涵的，但是这并不意味着我要相信它。”但是，这么做并不会令人满意，因为它允许其他不符合逻辑的思维类型存在，比如相信两个会引起矛盾的事物。

相信你其他信念的所有逻辑蕴涵，这种理念被称为“演绎闭包”——如果一组命题的集合包含了你能从集合里的所有命题推导出来的所有事物，那么它就是演绎封闭的。因此，我的信念集合只有在我相信自己信念的所有蕴涵时，才会是演绎封闭的。我认为这是一个有逻辑的人的重要组成部分，我将在最后一章回到这一点。

所以，如果我想要成为理性的人，那么我能对灰色地带做些什么呢？也许我不得不放弃最明显的符合逻辑的途径，并且学会如何处理更加复杂的事物。

灰色地带中的分界线

处理灰色地带的方式经常像对待就寝时间一样——在灰色地带的某个地方画一条任意的线，然后制订一条规则。你把这条线放在灰色地带的哪个位置取决于极端情况的后果有多严重。如果其中一个极端是非常可怕的，那么灰色地带中的分界线可能需要离这个极端更远一些，这样才能在它周围形成一个缓冲区域。例如，出于安全因素的考量，一些过山车有最低身高的要求。如果你太小了，那么安全带就无法足够匹配你的身体从而保护你的安全。在这种情况下，后果是非常可怕的（受伤甚至死亡）。所以，为了安全起见，界线应该设定在灰色地带中身高下限最高的一端。

关于吃蛋糕，我不想让自己变胖，所以我应该在灰色地带中“最可能不会让我变胖”的地方画一条安全的线，而不是在“可能不会让我变胖但不够明确”的区域内画一条线。这是非常明智的，因为我很容易微微偏离自己的界线，所以我应该在安全的一侧设置一个小型的缓冲区域。

在我的职业生涯中，有一个非常容易引起争议的划分界线的领域，我不得不采取更专业的方式，这就是考试中的等级界线。在英国的教育体系中，学生大学毕业时获得的学位分为“一等”学位、“二等以上”学位、“二等以下”学位以及“三等”学位，也可以被称为1级学位、2∶1级学位、2∶2级学位以及3级学位。但是分界线应该画在哪里呢？我花了很长时间来思考这个问题，并且在考官会议上为此争论了很久，但这种在灰色地带中画一条分界线的讨论基本上是徒劳的。因为无论你把它放在什么地方，都会有人说这对刚好处于这条线以下的人不公平，结果就是这条线会变得越来越低。于是，根本没有符合逻辑的位置来放置这条线。我认为唯一合乎逻辑的做法就是舍弃这些线，然后宣布改用一个完全浮动的平均值或者百分比。

当我们谈论种族时，更具争议的灰色地带出现了。我不会把这叫作“字面上的”黑和白，因为我们的肤色实际上都是不同比例的棕色和粉色的混合。正如第四章中讨论的，奥巴马经常被称为“黑人”，尽管他的父母中一个是黑人，另一个是白人。因此可以说，称他为白人也同样合理。然而，一旦我们理解了这里的“黑人”是“非白人”的意思，那么我们就会明白为什么称奥巴马为美国第一位黑人总统是有道理的。也就是说，我们找到了意义所在。

我们应该在黑人和白人之间的哪个地方画一条线呢？如果我们把它画得更接近白人一侧，那么就可以承认只有看起来是白人的人才享有白人的特权。但是，这种画法可能会把所有非白人都作为“其他人”排斥在白人之外。至少，讨论白人和非白人是一个真正的二分法，而讨论黑人和白人则是错误的二分法。

性骚扰

在与不尊重界线的人打交道时，画出分界线尤其困难。如果你是那种慷慨大方并且有能力帮助别人的人，这种情况就会出现。人们可能会向你索取得越来越多，这是非常不幸的。更严重的是，它出现在微侵犯和性骚扰的情况中：某些人的不当行为需要达到多么严重的程度，你才应该采取行动并且举报他们？

一些形式的身体接触（比如握手）是被普遍接受的，其他的（比如抚摸）很明显不是。但是，我们应该在这两者之间的什么地方画一条线呢？触碰别人的肩膀合适吗？触碰她们的背呢？触碰她们的腰呢？触碰她们的臀部呢？我们是否必须在我们的身体上画一条明确的线来表明触碰哪里可以算作友好，触碰哪里可以算作骚扰？对于那些被某人的行为弄得不舒服的人来说，这是一个艰难的困境，尤其是在她们处于脆弱的位置或者处于权力较低的位置的时候。如果你举报有人触碰了你的肩膀，那么你几乎肯定会被告知反应过度了。那么，什么情况才是值得采取行动的呢？你如果接受了一个动作，就会觉得似乎下一个小的升级并没有那么糟糕。但是，所有这些小的升级都会叠加起来。

善于操控他人的人实际上可以将这一点利用在那些容易展现善良、表达慷慨或者乐于接受他人的人身上。一旦你让步一次，哪怕是一点点，他们就知道界线是可以移动的。如果你在某个时候坚决反对并阻止他们，他们可能会指责你是一个卑鄙、无理取闹以及反应过度的人。

达西先生无法为爱情画线，这一点也同样适用于伤害——我们不一定知道从哪个确切的时刻起，某个事物就开始伤害我们了。我们只知道从哪里开始，它肯定会给我们带来很大的伤害，比如不合适的身体接触变成了强奸。

我花了一段时间才知道，确保安全的最好方法就是在事情变得可疑之前，你就在感到绝对安全的地方画一条线。这就产生了一个包含灰色地带的缓冲区域，这条线可以保护我们远离那个绝对危险的区域，但是此时并没有明确声明缓冲区域在哪里结束，不安全的区域从哪里开始：

我曾经认为理由不够充分，因为这意味着无论我在哪里画线，我都可以在不受伤的情况下多做一点儿。但是，我已经受伤太多次了，现在我知道自己需要用这个缓冲区域来保护自己，就像吃蛋糕的情况一样。我也知道保护自己是很重要的，而且不一定要吝啬。正如我们在第五章中看到的，如果保护自己意味着否定某人某事，或者甚至是伤害他们，那么我不认为这是你的错。我认为这是体系的错，是毒性关系造就了这样一个零和游戏。

体重指数

体重指数是衡量健康的一个有用但有缺陷的指标。它的计算方式是你的体重（以千克为单位）除以你身高（以米为单位）的平方。人们反对它的第一个理由是它没有考虑到人们肌肉的发达程度。因此，非常强壮的运动员因为其肌肉密度很高，很容易有非常高的体重指数。然而，就我个人而言，我觉得这个论点是具有欺骗性的，因为无论你是不是肌肉发达的运动员，这一点都是显而易见的。更重要的是（为了避免做出有逻辑错误的概括性陈述），我很清楚我不是一个肌肉发达的运动员。我不需要用卡尺就知道自己身上有脂肪，虽然我把它们妥善地藏在衣服里面，人们根本看不出来。

另一个问题是，人们根据体重指数，任意画出了一条线作为“健康”体重的标准。女性的分界线通常是25。当然，这是一个渐变的尺度，并不意味着体重指数为25的人是肥胖的，而体重指数为24.9的人是健康的。它应该是一个指导原则，而且我很乐于把它当作指导原则来使用。不过，当医生给我称体重时，这确实会导致一些愚蠢的情况发生。因为我知道，有时候鞋子的重量可能会让我的体重指数超过25，所以我坚持脱掉鞋子。如果医生登记的体重指数超过25，那么电脑会自动在我的检查表里发出一份警告，即使医生会轻松地说：“你的体重指数非常接近25，因此完全不需要担心。”但是，为了保持体重指数低于25，我已经付出了巨大的努力，此时被记录成超重是让人非常恼火的，即使我知道超重只是因为我穿着鞋子。

尽管出现了这样的意外情况，我仍然认为这总比没有指导原则以及做我曾经做过的事情要好。曾经我总是说服自己："我真的还是很健康的，尽管我的体重在一年内增加了 20 磅[①]。"这涉及另一个灰色地带，与合理的体重增加有关。你可能会故作轻松地对自己说："一个月里增重两磅并不是那么糟糕，不值得过于担心。"但是，如果你每个月都对自己这么说，你会发现自己每年要增重 24 磅。就我个人而言，我曾在某些时刻想象自己 10 年后的样子（而不是一个月一个月地思考）。最终，我意识到我必须在某个地方画一条线，尽管这条线是随意的。我会试着把它画在体重指数线的安全一侧，大概是在 24 而不是 25 的地方。

对我现在所做事情的一种解释是把界线本身当作某种模糊的事物，所以我尽量在好于界线的一侧保留足够远的距离，这样我就能超出它的模糊范围。

归纳法

通过微小增量步骤的论证与数学归纳法的原理有关。但它与归纳法的论证不同，归纳法是一种有缺陷的论证类型，用这种方法你可以从一个小的样本推广到一个大的样本。例如，"到目前为止，太阳每天都在升起，所以它明天还会升起"。

数学归纳法在逻辑上是安全的，它有一点儿像爬楼梯的过程。婴儿

① 1 磅≈ 0.453 6 千克。——编者注

学会了如何爬上一级台阶，接下来他们很高兴地发现，如果重复这一步，就可以爬上整层楼梯，甚至可能一直爬到空中。他们需要的只是有人把他们放在第一级台阶上。

数学归纳法认为，如果你知道某个事物对于数字 1 是正确的，并且知道数字每次增加 1 也依然正确，那么你就知道这个事物对于所有整数都是正确的。如果我们把这个方法应用到曲奇饼干上，我们可以说：

- 吃 1 块曲奇饼干是健康的。
- 如果吃一定数量的曲奇饼干是健康的，那么再吃 1 块也是可以的。因此，吃任何数量的曲奇饼干都是健康的。

我们以整数 n 为对象来表述数学归纳法。我们说，我们正在尝试证明对于每个数字 n，某些性质 P 都是成立的。因此，$P(n)$ 可能是命题“吃 n 块饼干是健康的。”于是这次论证就会如下所示：

- $P(n)$ 是正确的。
- $P(n) \Rightarrow P(n+1)$

然后，根据数学归纳法，$P(n)$ 对于所有整数 n 都是正确的。

这对于整数来说是没问题的，但是如果你想处理一个包含所有数字的渐变模块，或者只是所有可能的分数，情况就会变得非常棘手了。这是因为此时没有最小的“跳跃”单元来让我们一步步迈进。

我们也许可以试着把这个方法应用到一系列的曲奇饼干上，这些饼干看起来“大小差不多是相同的”。也许这意味着每个饼干之间的重量差在 5 克之内。你可能会认为一个 50 克的饼干和一个 52 克的饼干差不多大，而这个 52 克的饼干又和一个 54 克的饼干差不多大，但是经过这样几个步骤之后，你会得到一个两倍大的饼干。我曾经做过这项测试，我给班上的 20 名学生分发饼干，却没有告诉他们关键点是什么。我让他们所有人比较自己和旁边同学的饼干，他们都很高兴地发现他们的饼干差不多一样大。但是接下来，我让第一个学生和最后一个学生来比较饼干的大小，我们都笑得合不拢嘴，因为第一个饼干真的很小，而最后一个饼干真的很大。

模糊逻辑

我认为解决这个问题的方法之一就是接受真相具有很多细微的差别。对于曲奇饼干来说，关键之处是不能仅仅用“健康”和“不健康”来衡量吃了多少饼干。应该有“健康”“没那么健康”“还可以，但不是非常好”“不那么好”“说不准”“似乎不好”“有一点儿过量”“过量”“远远过量”“过量到荒唐”这么多等级。正如我们在第四章中看到的，正常的排中律的逻辑是不允许我们接受“健康”和“不健康”之外的一切事物的，所以我们最终只能把所有事物都推向一方或者另一方，因为我们无法找到一个符合逻辑的地方来画线。与它相反，我们可以尝试将真值看作 0 和 1 之间的某个值。在某些情况下，这样做是危险的，因为它会让人觉得真相是可以商量的事物，一些事物会比其他事物更加真实。然而，我认为在灰色地带中这么做是正确的。同样，在概率的情况下可能也是如此，这时我们无法确定真相是什么，我们只能肯定其中的一部分，而对其余的部分还存在一些疑问。在某种程度上，百分比概率就是把事物放在一个 0 到 1 的真值区间中。不幸的是，似乎我们人类也不太擅长理解这些。

在第四章中，我们简要地提到了模糊逻辑，它是一种形式逻辑，其真值范围在 0 和 1 之间。它衡量的是事物真实的程度，而不是我们对事物是否真实的判断。这两件事是相关的，但并不是完全相同的。例如，我在网上查询天气的时候，天气预报会告诉我一天中每个时间段里降雨的概率。通常，我在脑海里会把它和降雨量混在一起：如果天气预报说有 90% 的概率会下雨，那么我会把它理解为可能会下大雨；如果天气预报说有 40% 的概率会下雨，那么我会把它理解为可能会下小雨。实际上，这可能是由天气预报的不确定性造成的。如果有一个非常强的风暴正朝这个方向猛烈地移动，那么这是唯一可以确定将要下雨的方法。如果我们无法确定是否会下雨，那么可能是因为只有一场轻微暴雨，而这场暴雨是有可能消失或者改变方向的。

同样的，如果一场考试的成绩只是及格和不及格，那么结果是非常明确的。在得到结果之前，你可能不确定自己是否通过了考试。但是，只有当你是在及格线上徘徊的学生时才会出现这种情况。如果你真的是一个非常优秀的学生，那么你可能不确定自己考得有多好，但能够确定自己通过了考试。确定性又一次和某个事物的真实程度相关。

然而，即使消除了不确定性，某些事物的真实程度仍然有所不同。假设考试成绩的整个范围是 0 ～ 100，你得了 71 分，然后你问老师这是不是一个好成绩。现在，这里有了一个从好到坏的整体范围，好与坏的不确定性来自灰色地带，而不是来自真的不知道。

目前，应用工程中对模糊逻辑的应用要多于在数学中的应用，模糊逻辑主要用于处理数字设备控制中的灰色地带。电饭煲就是其中一个案例，电饭煲的烹饪过程可以根据一些稍微模糊的条件进行调整，比如水的吸收是慢，还是非常慢，是快，还是非常快。这也可以用于加热或者对空调的控制，或者其他任何需要动态响应潜在变化条件的事物。当然，对于这些等级意味着什么，仍然需要给出一个定义。但是，在纯粹的真与假之间保留真值的可能性，将为更加微妙地控制设备提供可能性。

介值定理

另一种处理分界线和灰色地带的方法并不是完全由逻辑决定的，这个方法是承认分界线就位于灰色地带里的某个地方，而我们并不知道它在哪里，只知道它确实在这个地带里的某个地方。我们可以在地带中设置边界，以便指出一个区域肯定是在分界线以下的，还有一个区域肯定是在分界线以上的。

这就是你怎样做出一批饼干，以确保每个人都拥有自己心中完美尺寸的饼干。你可以从一个非常小的饼干开始，它大概只有 2 克。接下来，你可以让每个饼干都看起来和前一个一样大，但它们在不知不觉中增大了。一直进行下去，直到你做完一个显然已经过大的饼干。下图就是我制作的一套饼干。①

因为这里基本上包含了区间内所有尺寸的饼干，所以，这意味着每个人心目中完美尺寸的饼干一定就在这些饼干之中。这有助于解决我个人最喜欢的饼干尺寸小于大多数人喜好的问题。这样，我可以在同一时间满足自己的需要和其他人的需要，根本不必知道其他人心目中完美饼干的尺寸是多少——我可以肯定，它就在这些饼干之中。

①图片来源：作者。

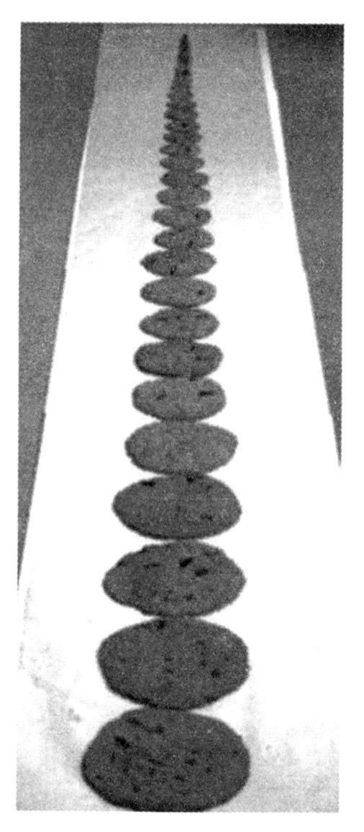

这是介值定理的一个应用。介值定理是严格微积分中的一个定理，数学系的学生通常在本科阶段学习这个定理。介值定理认为，如果有一个连续函数，它从 0 开始一直增长到某个值 a，那么它必须覆盖中间的所有值。在这里，“连续”的含义是相当学术性的，但它基本上意味着区间内没有缝隙。你可能会说，我的饼干确实不是每一个尺寸都有，否则将会有无数个饼干。这种说法是正确的。但是，我实际上是想说，整个事物所要达到的精确度是由我们的感知来决定的。

几个月前，我和芝加哥艺术学院艺术系的一名学生交谈。她通过创造视觉幻象来探索人们对现实的感知，试图以此来观察观众会相信这些幻象是物理上的结构，还是会认为这些幻象是数字上的操控。问题就是要找到最佳的视听位置，在这里人们真的会无法确定他们面对的是什么。

我意识到她是可以借助介值定理的：她可以制作一系列的作品，从一个明显是物理结构的作品开始，让它逐渐变得不那么明显，直到最终创作出一个明显在物理上不可能存在、必须由数字操控的作品。在介于这两个作品之间的灰色地带中，一定会有观众不确定它是真实的事物还是一个数字作品。艺术家不需要知道它的确切位置，事实上，对于不同的观众它可以处在不同的地方。艺术家需要知道的是，它就在这个灰色地带中的某个地方。

在某种程度上，这也是巧克力制造商在他们巧克力中调整可可的百分含量时要做的事情。他们制作了一整组不同可可含量的巧克力，这样所有的巧克力爱好者都能在其中找到自己心目中完美的百分含量。然而，我很遗憾，很多巧克力制造商都在70%左右停止了含量的调整（事实上，72%似乎是一个受欢迎的上限），因为这并不包括我个人最喜欢的百分含量。根据我的心情，我吃巧克力的灰色地带在80%和100%之间。因此，为了得到我心目中完美的巧克力（就像我心目中完美大小的饼干一样），我必须自己做。

类似的原则还可以为我们提供越来越精细的种族等级。过去，只存在“白人”和“非白人”。现在，我们谈论的是“有色人种”，而且我们也谈论混血儿，尽管这通常暗指白人和非白人的混血儿。人们一直在为非白人和其他非白人的混血儿发明新词，比如blasian是指黑人和亚洲人的混血儿。我的一个朋友称自己为“Mexippino”，意思是墨西哥和菲律宾的混血儿。

但是，相对于一个拥有3/4亚洲血统、1/4白人血统的人（这个人可能看起来完全是亚洲人），我们是否应该用不同的词来形容一个拥有1/4亚洲血统、1/4白人血统的人（这个人可能是非常符合白人特质的）？正如本章中描述的，可能性多种多样，每一种可能性都有它的优点和缺点。我们可以谈论“白人”和“亚洲人”，这两个词很简单，但排除了那些完全不属于这两类人的人。我们可以在某个地方画一条线，并最终制造出一些奇怪的异常现象。在这种情况下，一些人被归类为“有色人种”，虽然对大多数人来说，他们看起来是白人。我们可以创建越来越多、越来越精细的类别，将每个人都考虑在内，但最终会得到一组难以处理的、极其具体的描述语。我们可以团结所有人，无视种族，宣布我们“都是人类”，就像有些人声称自己是“色盲”时所做的一样。但是，这低估了人们关于种族歧视的真实经历。我认为，最重要的是我们应该承认灰色地带的存在，并且更加自在地接受灰色地带。

跨越间隙

所有这些事例都表明，如果我们不谨慎处理灰色地带和逻辑，那么我们最终可能会被迫站在极端立场，把这种行为当作保持逻辑的唯一途径。事实上，我们可以用循序渐进的逻辑步骤来反驳某些人，在不知不觉中引导他们接受另一极端立场。如果让人们坚持这种非黑即白的逻辑，我们就会把所有的分歧都推向越来越极端的对立面。我认为，我们反而应该为每个人都提供摆脱这些仍被视为符合逻辑的处境的方法。无论是模糊的逻辑、概率，还是简单地放置在灰色地带中某个未知地点的分界线，或者仅仅是更加自在地面对那些不够确定的情况，都是应对我们这个非常微妙的世界的更加微妙的方法。灰色地带是黑白之间的桥梁。在现实世界中，很少有事物会像黑和白这么简单。现实情况是，我们都生活在这个灰色桥梁上的某个地方，虽然对于一些人来说，处于微妙的、不确定的位置会让他们感到不安。如果我们都接受这一点，甚至建立起更多的桥梁，那么我认为我们会收获更好的理解。

我们已经讨论过灰色地带在被肆无忌惮的人利用时是如何伤害我们的。但是，如果能够理智地运用灰色地带，我们就可以扭转这种局面，并且利用灰色地带来帮助我们自己。这个想法就是，我们可以利用微小的、不引人注意的增量来推动自己，使自己逐渐达到一个离起点相当远的地方。如果我们试图一蹴而就，那么我们可能无法达到目标。我一直都是用这个心理技巧来取得进步的。当我学习一段高难度的新钢琴曲时，我就会用这个方法。开始的时候，我只能以非常慢的速度弹奏，但是我会使用一个节拍器，然后每次都以微小的、不明显的增幅来逐渐提高速度。我可能会以每分钟 40 拍的速度开始，在这个速度下弹奏曲子是很简单的。接下来我把速度提升到每分钟 42 拍，这时我的手指没有感受到任何差别。然后我进一步把速度提升到每分钟 44 拍，我的手指仍然没有感受到任何差别。用不了多长时间，我就能以两倍甚至三倍的速度演奏这首曲子。当考虑吃蛋糕的情况时，“多一点也不会造成什么差别”这一原则是有害的，但是在完成一项巨大挑战的时候它是有益的。

更重要的是，我们可以利用这种方法在明显对立的观点之间找到桥梁。我们已经从错误肯定和错误否定方面讨论了坚信社会福利事业和不相信社会福利事业的区别。一个人坚信要帮助每一个需要帮助的人，即使这意味着会错误地帮助一些额外的人。而另一个人认为每个人都应该对自己负责。这种论证可能会引起很大的分歧，但是，我们承认这里存在灰色地带。毫无疑问，那些坚信社会福利事业的人可能并不是简单地坚信为每一个需要的人提供大量的金钱，而那些坚信每个人都应该为自己负责的人可能会承认一些特别“值得”帮助的人需要帮助，这些人也许是在服役期间受伤的军人。如果是这样，那么我们就确定了问题不在于我们是否应该帮助他人，而在于我们应该在多大程度上帮助他人，以及在什么情况下帮助他人。现在的问题是，我们把人们放在灰色地带的什么位置，以及我们应该如何处理灰色地带。在接下来的章节中，我们将讨论把一个原则抽象地推向极端的技巧，以便顾及那些似乎不同意我们意见的人，并把这些人拉到灰色地带的桥上。首先我们就要考虑如何理解一个有难度的论点——我们可以通过将它和一个与其具有共同之处，但是比较容易理解的论点进行对比，也就是说，在某种程度上进行类比。这是下一章的主题。

第十三章

•

类比

•

我们已经看到，抽象化就是我们进入逻辑运作的世界的方式。抽象世界是想法和概念的世界，是从我们具体而杂乱的客观世界、人类以及情感中剥离出来的世界。但是，逻辑世界是如何与我们实际生活的世界互动的呢？理解符合逻辑的情境固然很好，但是它的局限性来自这样一个事实：抽象世界揭示了我们的“现实”世界，但这实际上并不是我们的现实世界，所以当我们回到现实世界时，某些事物必然会丢失或者扭曲。

在这一章中，我们将讨论抽象概念是如何以类比的形式与现实世界中的情境互动的。我们还将讨论类比是如何帮助我们理解有关世界的好的论点与坏的论点，以及当我们使用类比时会遇到哪些意想不到的陷阱。

抽象

在这本书的开头，我们讨论了一个事实，那就是现实世界中没有事物真的按照逻辑来工作。因此，为了使用逻辑来研究事物，我们不得不对事物进行抽象化，也就是说，忽略一些情境的细节，这样我们才能进入思维的抽象世界。在这个世界中，事物都是按照逻辑来工作的。这有时就像用一个简化版本来构建一个情境，或者就像专注于一个情境中的某些方面一样。进行这种抽象使我们能够使用逻辑，但是抽象的过程本身并不是符合逻辑的——我们必须选择关注什么以及如何简化情境。在上一章中，我们看到我们可以利用许多不同的方法来找到相同情境的抽象版本。这并不意味着有些方法是对的，而有些方法是错误的。这意味着不同的抽象向我们展示了不同的东西，而且我们应该意识到这样做我们失去了什么，得到了什么。

当我们忘记情境的细节时，许多不同的情境看起来相同了。抽象是一种发现不同情境间有何共同之处的方法，就像我们在第六章中处理特权的立方体和长方体一样：我们发现了各种不同情境的一些方面是可以放在形状的转换中来理解的。

这就是抽象与类比相联系的原因：类比是两种不同情境之间的相似性，而抽象非常重视这种相似性，并将相似性当作一种情境本身来对待。最基本的一种类比是 2 个苹果、2 根香蕉和 2 把椅子这样的对象之间的类比。这些情境中共同的事物在于“2”这个概念，这个概念来自这些情境的相似之处，并将这些相似之处本身视作一个概念。可以说，所有的数学都是通过这种方式在不同情境间找到相似之处而产生的。当我们把这些相似之处本身当作概念来研究时，我们的抽象等级就比以前更进一步了。

根据我们在第六章中了解到的关于强调事物之间关系的有效性，我们可以像这样画出这些关系：

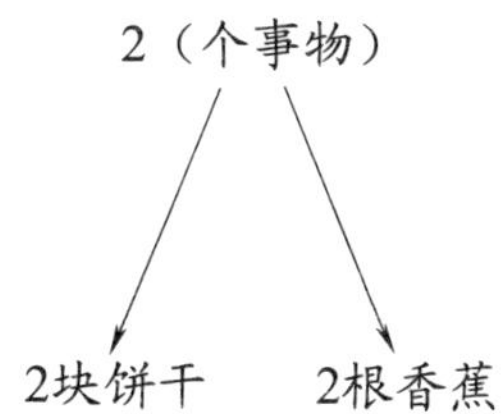

这里的箭头表示从普遍的或者抽象的事物到其实例的过程。抽象是在具有某些共同点的不同情境之间转换的方法。事实上，我所画的抽象图已经看起来有点儿像一个枢轴了。数字 2 使我们能够从一个涉及 2 块饼干的情境转移到另一个涉及 2 个其他事物的情境。

转移到抽象层面是在一种情境中找到逻辑的方法，而进行类比是一种不用穿越抽象世界就能找到逻辑的方法。通常在日常生活中，我们会在不清楚抽象版本是什么的情况下进行类比。这在现实世界中是很有帮助的，因为在现实世界中展示抽象逻辑会显得非常迂腐——除非你是在与受过抽象逻辑训练的人交谈，否则不要把事情弄得很清楚。事实上，我们教小孩子数字的方式通常是一遍又一遍地向他们展示包含 2 个事物的集合，并鼓励他们自己寻找这些事物之间相似的地方。

相比之下，数学中的强大力量来源于把抽象版本变得明确，就像我们对特权的立方体所做的那样。这意味着我们可以做出更加复杂或者更加微妙的类比，或者能够覆盖比我们开始时更进一步的例子。我们就像猴子一样从一棵树跳到另一棵树，然后发现，如果从一个树枝荡到另一个树枝，我们就能到达更远的地方。事实上，这就是一个关于类比的类比。因此，我们现在就来看看类比自身背后的抽象原理。

类比的框架

每当数学家感觉自己正在一遍又一遍地做着同样的事情时，他们就会寻找一个能够代表这种情境的抽象版本。我发现自己不断地进行类比，那么类比的抽象版本是什么样的呢？一般情况下，我们通过一个抽象原理 X，在概念 A 和 B 之间进行类比，这个原理 X 通常是隐式的，而不是显式的。图表如下所示：

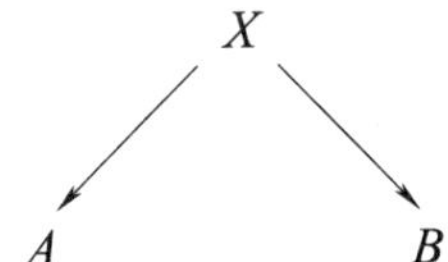

就像猴子从一个树枝荡到另一个树枝一样，我们应该考虑以哪个抽象层级为轴心。我们对于情境中的细节忽略得越多，事物就变得越相似。随着这个过程的进行，数学变得越来越抽象，在每个阶段都会有一些人离开，因为他们对抽象的级别已经感到不舒服了。人们经常告诉我，当“数字变成字母”的时候，他们失去了它。这种抽象的枢纽可以表示如下：

这里的 a 和 b 代表数字 1，2，3 或者其他事物。但还有一个比这更加抽象的层级，在这一层级中，我们在加法和乘法本身之间做一次类比，我们考虑一下“二元运算”。这种运算中包括了加法和乘法，还包括了很多其他东西。这是更进一步的抽象级别，这里的符号⊙代表一个二元运算符号，它可以是 +、× 或者其他运算符号：

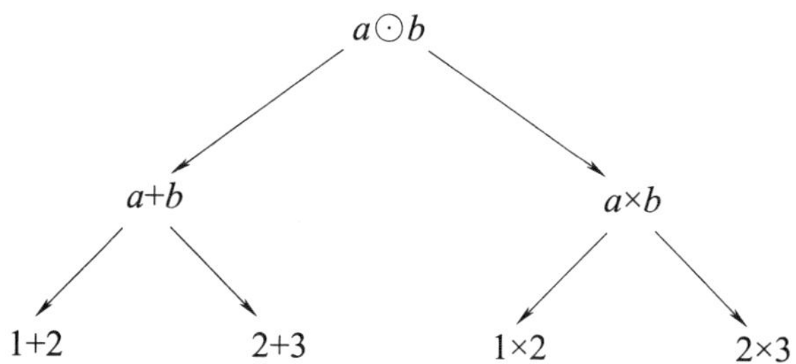

在第一层中，1+2 类比于 2+3，但不类比于 1×2。在第二层中，加法本身类比于乘法。所以，此时底层的所有事物都可以用类比的方式来处理。出于某些目的，顶层的级别是一个好的层次，但是出于其他的目的，我们应该只进行到中间的层级就可以了。[①]

我的博士生导师马丁·海兰德给我上的重要一课就是找到适合情境的抽象层级的重要性。这就像在适当的距离上发光，这样你可以看到足够的细节，也可以看到所观察事物周围足够的环境信息。在某种程度上，对于抽象来说，这包括在忘记尽可能多的细节的同时，仍然保持你正在努力研究的事物的真实性。如果我们忘记了相关的细节，那么我们可能会忘记一些对情境至关重要的事物。毕竟，如果我们忘记了足够多的细节，那么最终一切都会变成一样的，而这并不是看待世界的有效方式。（尽管我确实认为从记住所有人类在根本上是一样的这一事实中我们能收获一些东西。）

①加法和乘法不可类比的一个方面是逆运算。加法总是可以通过减法来逆转（撤销）。但是乘法不是总能被撤销的——我们不能撤销乘以 0，因为我们不能除以 0。最终的结果是，无论我们从哪个数字开始，乘以 0 的结果都会是 0，所以如果我们试图逆转这个过程，那么我们就不知道要回到哪里，而对于加法我们总是知道要回到哪里。

然而，如果我们不够抽象，那么我们可能会错过在更多事物之间建立联系的机会。下图中的数字就出现了这种情况：

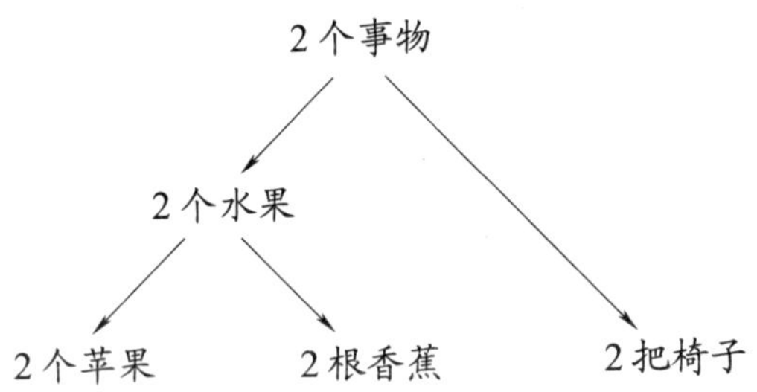

如果我们只上升到“2 个水果”这一层级，那么我们将会得到 2 个苹果和 2 根香蕉之间的类比，而会遗漏掉 2 把椅子。为了能够包含“2 把椅子”，我们需要更进一步，到达“2 个事物”的层级。下面就是我们在第六章中发现特权立方体时发生的事情。我们从 30 的因数立方体开始，然后是 42 的因数立方体，我们发现它们具有相同的形状，因为这两个数都是三个不同质数的乘积（$a \times b \times c$）。这个情况中的类比可以用下图表示：

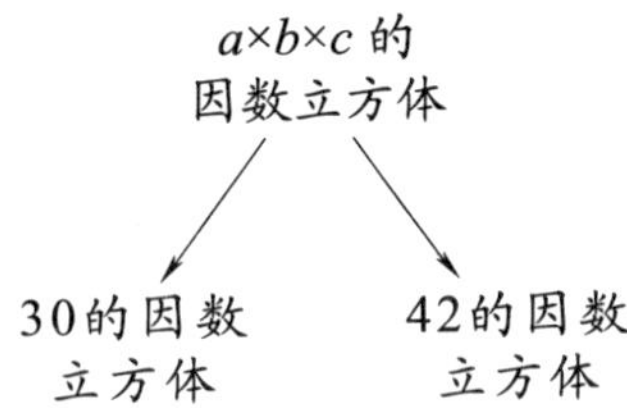

但是接下来我们意识到，如果我们去往更加抽象的层级并把它想象成 $\{a, b, c\}$ 的子集的立方体，那么这个类比就将适用于更多的事物，包括任意三种特权。我们已经达到了一个如下所示的抽象层级：

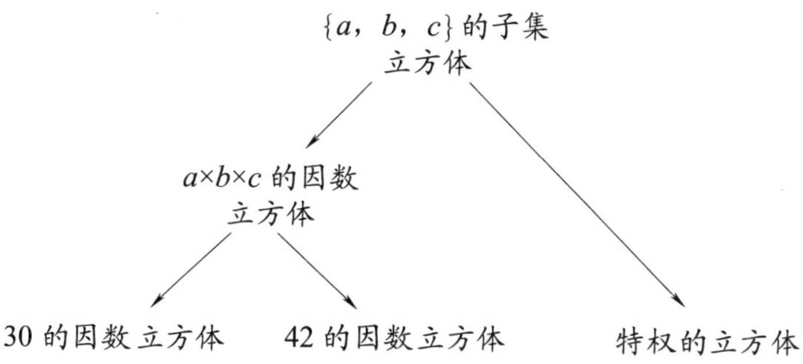

这为我们提供了一种表达可能令人惊讶的事实的方法，即虽然更加抽象地思考似乎会使我们远离具体的想法（图中的垂直方向上），但它使我们能够转换到更加远离我们开始的地方（水平方向上），从而囊括更多的想法，包括更加具体的想法。我关于数学的许多论点都来自我的观点——数学与正常生活是有一点儿脱节的，所以如果我们选择了低枢轴，那么我们将不会离数学太远，也许只有物理那么远。但我们如果变得更加抽象，就可以远离数学，并把我们的类比应用到生活中非常真实的情境里。下面就是生活中非常真实的一个例子：

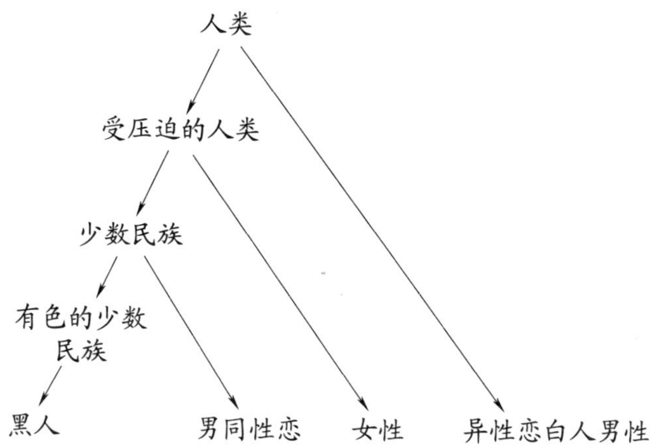

问题是，排在最下面一排的人的经历是否是可类比的。一个微妙的答案是：这取决于抽象层级的提升程度。不幸的是，分歧经常出现，因为每个人都会选择最适合他们论证的抽象级别，并且拒绝考虑其他级别在某些方面可能有效的可能性。

我们已经讨论了很多抽象和类比——事实上，也许整本书都是关于如何谨慎地选择抽象和类比来解释我们在世界中的所有论点的。但是这里有一些具体的方法，通过这些方法进行类比能够为我们提供帮助。

寻找公理

在第十一章中，我们讨论了为自己的个人信念体系寻找公理，这个公理就是我们所有信念来源的基础信念。思考类比可以帮助我们理解自己的个人公理是什么，或者其他人的个人信念是什么。

在第二章中，我讨论了发现自己的公理，即我更关心错误否定而不是错误肯定。这个公理来自对社会福利事业的信念的思考，而这种信念与下面各种各样的情境在感觉上是类似的。

当讨论以种族为理由的反歧视行动时，一些人会反对这个行动，理由是有些有色人种来自富裕的家庭，他们需要的帮助比一些贫穷的白人要少得多。或者，在争论学校背景和大学入学问题时，一些人认为有些公立学校与一些私立学校给人们带来的优势是一样多的。我们应该帮助那些人吗？我仍然认为我们应该努力帮助所有的有色人种以及所有来自弱势学校的人，即使他们中的一些人并不“需要”这种帮助。

当讨论癌症筛查时，一些人担心这些测试并不是完全准确的，即使人们没有患癌症，也会产生一些阳性的结果。这会给他们带来不必要的创伤，有时甚至是不必要的治疗。这是一个严重的问题，但我仍然认为这总比那些太长时间没有被诊断，导致治疗变得困难或者无法治疗的情况要好。

当讨论性骚扰的问题时，有些人担心如果我们认真对待所有的指控，那么最终总会有人（通常是男性）遭受到指控的耻辱，即使他们是无辜的。然而，到目前为止，我们面临着一个巨大的问题：太多的人从性骚扰、性侵犯和强奸的指控中侥幸逃脱，因此广泛的性不端行为遍及整个社会。被错误地指控其性行为不端确实是一种伤害，任何人都不应该经历这种伤害，但我认为我们需要更多地关心不端行为数量居高不下的情况。

所有这些情况之间都有可类比之处，尽管它们涉及的是生活的不同方面。这个类比可能是隐晦的，但是，我发现将它分离出来并且明确地表达它是有帮助的。乍一看，似乎只有前两种情况有一些共同之处：

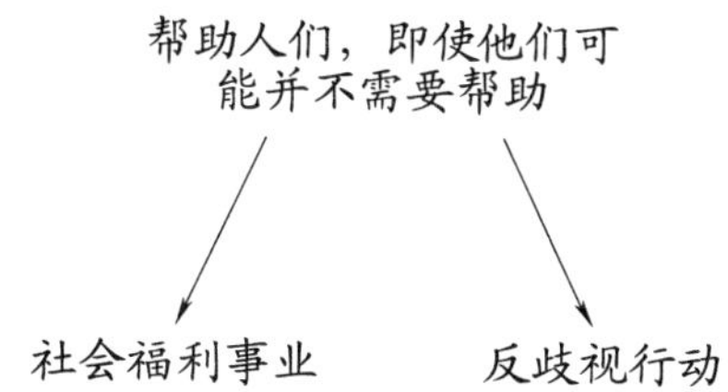

由于原理不同，所以后两种情况可能看起来是类似的：

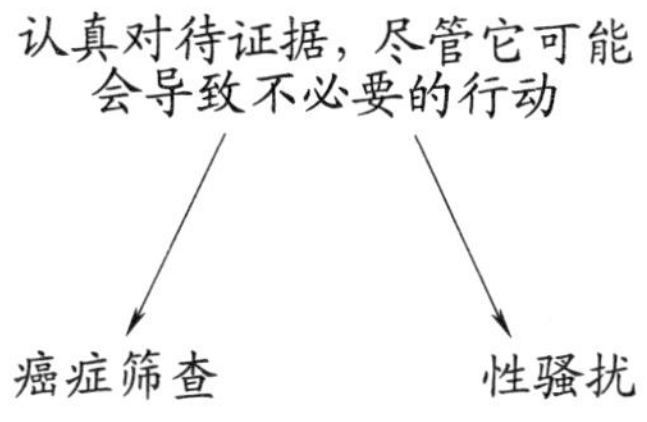

但在更进一步的抽象层级上，我可以把所有的场景都囊括进来，因为事实上我似乎相信错误否定比错误肯定更重要。不同层级的抽象产生不同的类比，此时的图表将是相反的：

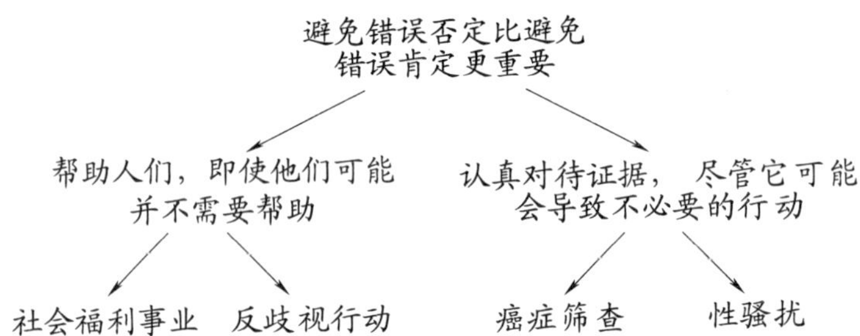

通过提炼信念背后的思维过程，我一路走到最顶端，这使我能够理清自己对复杂问题的思考。然后，我可以把这个过程应用到更多的情况，简洁地向别人解释它，更容易地将它记在脑子里，从而更好地用它来讲道理。

事实上，在达到这种抽象的层级后，我意识到我可以思考另一种情况：在大选中强制投票的理念，就像澳大利亚的大选一样。我曾经不同意这个原则，因为我认为民主意味着每个人都有投票的权利，而不是有投票的义务。然而，接下来我读了一篇文章，文章解释说这不是强迫人们去投票，而是强迫政府让每个人都有可能去投票，以此减少选民压制。我没有想到这一点，我立即改变了主意。现在，我发现这是另一个错误肯定和错误否定的例子。如果没有强制投票，你就会冒着错误否定的风险，也就是那些由于后勤原因或者更加邪恶的原因（如选民压制）而无法投票的人。在强制投票中，你冒着错误肯定的风险，也就是说强迫那些不想投票的人去投票——但是，他们仍然可以留下他们的空白选票或者损坏它。这是另一个我最关心的避免错误否定的情况。我一直没有意识到这是问题所在，直到有人指出来。稍后我将讨论这样一个事实：我认为根据新信息来改变自己想法的能力是理性的一个重要标志。

检验原则

类比还使我们能够检验自己的原则。我们可能认为我们做某事是因为自己的一些基本原则，但如果这确实是真的，那么我们应该有能力转移到一个类似的情境，并且应用相同的原则。如果这种说法站不住脚，那么我们的原则并不是正确的，或者我们选择了错误的抽象层级。不幸的是，人们常常故意这样做，试图让自己或别人相信他们正在努力实现强大的基本原则，而不是偏见。

例如，也许一个女性在某个职务的招聘过程中落选，招聘小组被指控性别歧视。他们可能会说这不是性别歧视，而是因为这个女性没有足够的经验。然而，如果他们雇用了一个经验更少的男性，这就表明这个原则在工作中不是一个真正符合逻辑的原则。情况往往会比这更加棘手，因为类似的情境可能并不是真实的，接下来我们必须强迫自己想象在类似的情况下会发生什么。这个问题在希拉里•克林顿和贝拉克•奥巴马各自的选举中出现。那些不支持希拉里的人被指控性别歧视，他们反驳说他们不支持希拉里是因为“她是个骗子”（例如）。然而，许多（也许是所有）男性政客在一些事情上撒谎却仍然得到支持。同样，那些不支持奥巴马的人被指控种族歧视。那些被指控的人反驳说，他们不支持奥巴马是因为他“缺乏经验”（例如）。然而，经验少得多的白人男性却可能会赢得他们的支持。

我们可以用图表来阐明这一点。有些人可能会认为他们应用的原则是关于没有经验的人的原则，而无视这个人 *A* 是女性的事实：

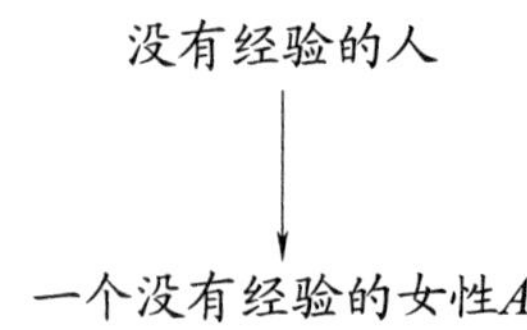

然而，如果真的是这样的话，那么我们应该能够利用抽象原则，把一个没有经验的男性转换到一个类似的情境中：

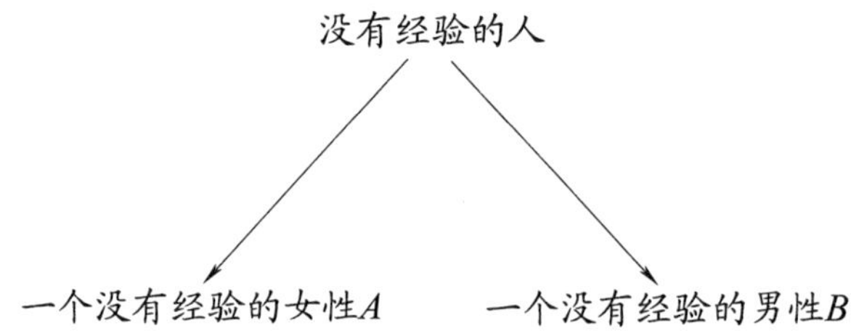

如果没有经验的人得到更多的信任或支持，那么这两种人就不能按照这个特定的原则来进行类比，我们应该考虑是否还有另一个潜在的原则：

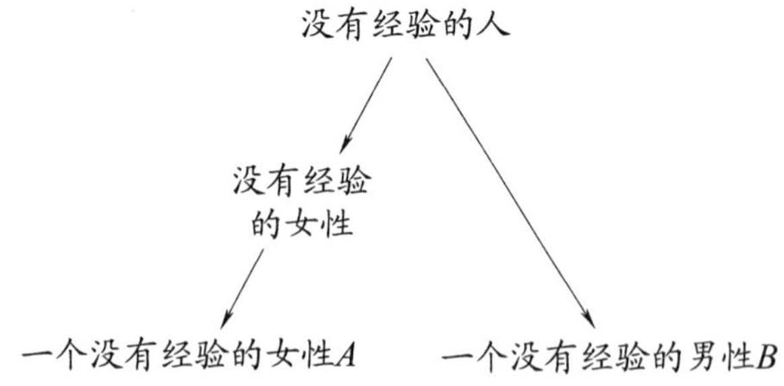

根据中间层级的“没有经验的女性”，底层两项不再相似。抽象版本是这样的：

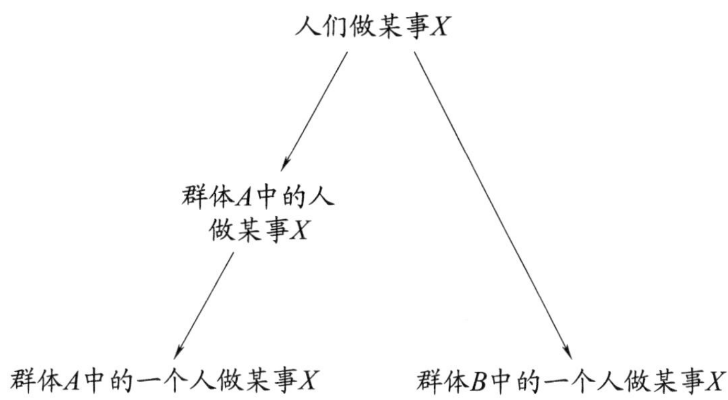

如果群体 A 中的人与群体 B 中的人被区别对待，就标志着起作用的是中间层级的原则，而不是普遍原则。正如我们在第三章中讨论的，每当有黑人在美国被警察射杀，同样的争论（这是不是种族歧视）又在重复时，这种抽象版本都可以发挥作用。我们可以问问自己，在同样的情况下，一个白人是否会受到同样的对待。如果不会，就表明起作用的是中间层级的原则（这个人是黑人），而不仅仅是他们正在做某事 X 的普遍原则。

调动情感

如果我们可以找到更能与自己产生共鸣的一种类似的情形，那么类比可以帮助我们调动情感。这是一种重要的方式，如果逻辑本身并没有说服我们或者其他人，那么通过这种方式我们就可以找到情感联系来支持这个逻辑论证。这样做可以帮助我们理解别人的观点，或者向其他人解释我们的观点。

有时候男人会对那些有关男人的概括性陈述感到愤怒，这些言论称男人享有特权、争强好胜而且麻木不仁，或者说存在“男人对女人性骚扰的普遍文化”。我的本意并不是真的认为每个男人都是这样的，而且，我认为受压迫的群体（女性）向占主导地位的群体（男性）呐喊是值得原谅的。

然而，如果我想到一个类似的我有特权的情况，那么我在看待事物的时候就会带有更多的同理心。例如，一些人普遍认为牛津大学和剑桥大学的毕业生都是自命不凡的人，他们出生在上流社会，无须努力工作就能轻易获得成功。我对此提出异议，就个人而言，我认为我已经非常努力地工作才获得了现在的成功。但是，我必须非常谨慎并且意识到就读于剑桥是非常荣幸的，要意识到那些没有这个机会的人在通常情况下是有理由感到辛苦的。

这两种情况之间的类比不仅帮助我理解了为什么男人会感到沮丧，也帮助我理解了为什么人们对牛津大学和剑桥大学的毕业生怀有敌意。这个类比使用了权力关系的抽象概念，我将用符号∇来描述这种关系，如图所示：

强势群体

∇

受压迫的群体

然后，我可以用这个方式在我处于上方群体的情况和我处于下方群体的情况之间转换（在每种情况下我都用粗体显示），从而更好地理解这两种情况。

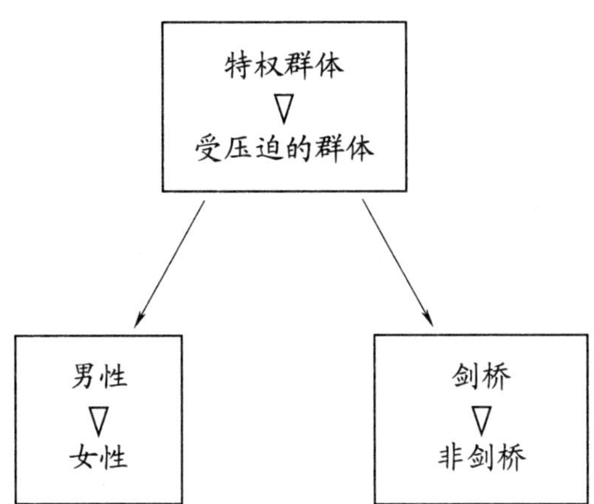

同样，作为一个亚洲人，我可以在受压迫的群体中找到转换点：

白人

▽

非白人

而在非白人的背景下，我处于一个享有特权的群体（在非白人群体中，亚洲人比其他人享有更多的特权）。

亚洲人

▽

黑人

我可以用这个类比来进行一次转换：

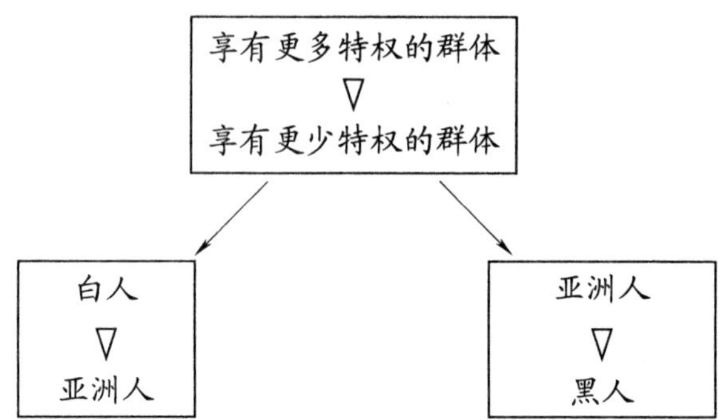

并从相反的角度来理解种族歧视。从更进一步的抽象来看，情况可以归结为一个事实：每个人都比一些人享有更少的特权，而比另一些人享有更多的特权。

群体A：比你享有更多特权的人

▽

你

▽

群体Z：比你享有更少特权的人

因此，每个人都可以实施一次转换，用两种方式去观察事物：

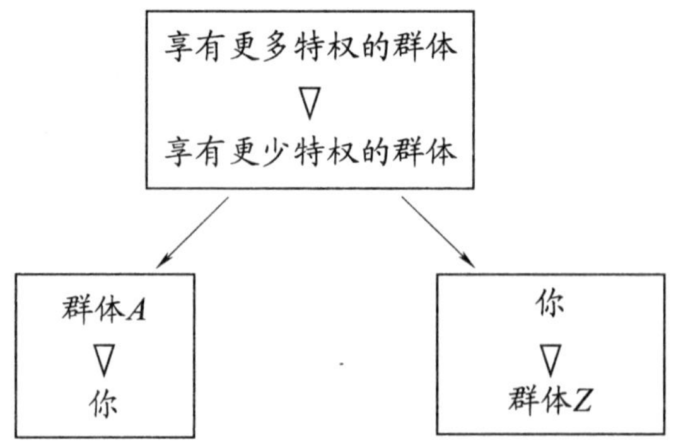

正如我们在第六章讨论的，有时人们倾向于只看到自己处于享有较少特权而其他人处于享有较多特权的情境。当有些人抱怨自己在群体 A 中遭受到的待遇时，又会将类似的待遇施加在群体 Z 上，这是多么虚伪啊！当白人女性抱怨性别歧视但又排斥或者怠慢非白人女性时，或者当白人男同性恋抱怨恐同症但又排斥非白人男同性恋时，这种情况就出现了。

更能意识到别人比你更有特权是可以理解的，因为他们是最有可能威胁到你或阻止你晋升的人。但是，我们需要学会更多地执行上面的转换，变得更能意识到那些特权比我们少的人，不要觉得它与我们体验到的缺乏特权的现象相抵触。

用极端唤醒我们

类比还可以激发我们的情感，不是通过找到一个更接近我们生活的情境来实现的，而是将一个原则推到极致，让我们意识到一个原则终究不是那么基本的。例如，一些人说，全民医疗是不好的，因为每个人都应该为自己负责，而不应该指望别人来为他们负责，比如资助他们的医疗。

但在这种情况下，这是否意味着每个人都应该承担保护自己的责任，因此我们不应该有警察？不应该有军队？不应该有公共交通工具？难道我们应该没有团体运动，没有家庭，没有像道路这样的基础设施吗？

下图为假设原则的示意图：

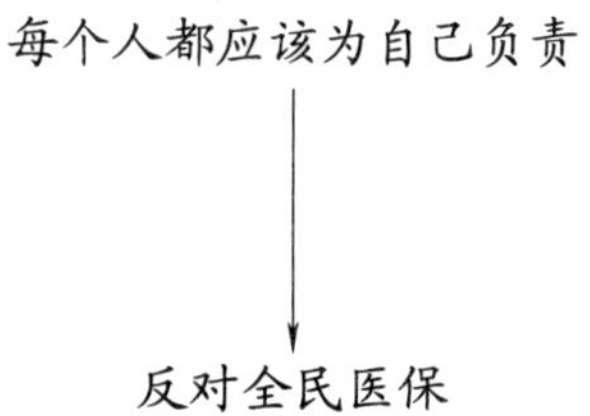

下图是根据假设原则“类比”出的一种极端情况：

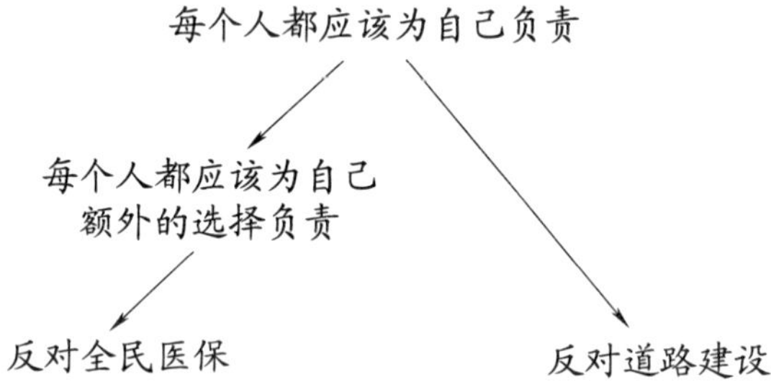

他们如果真的赞同修建道路，就需要一个更微妙的论证来解释他们为什么反对全民医疗。

有时有人会反驳说，把它推到这样的极端会让它变成不同的情况。这可能是对的，但接下来，普通原则就不是真正的普遍原则了——它只在一定限度内起作用，然后，我们会发现分歧就在于这些限度在哪里，而不在于原则本身。而且，这里可能存在一个灰色地带，原则将在这个区域里逐渐停止作用。关于医疗保健的问题实际上应该是一个关于我们认为人们应该在多大程度上照顾自己以及社会和政府应该在多大程度上照顾人民的问题。政治分歧往往归结为基本公理的根本差异，即与个人相比，人们认为政府应该承担多少责任。其他时候，这与什么算作必需品，什么算作额外的选择有关。接下来我们会得到这幅图：

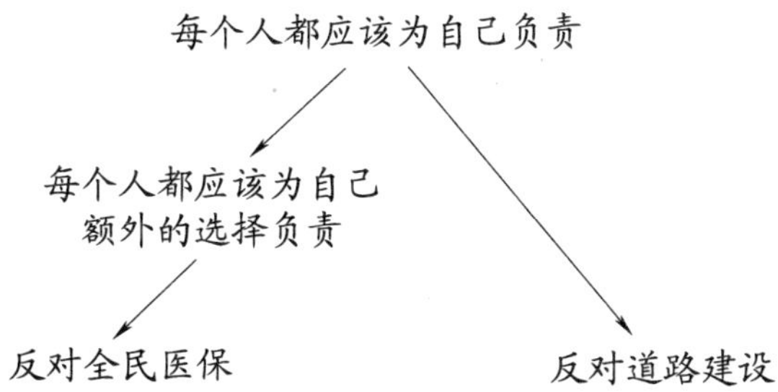

这实际上解释了否定医疗保险的人在哪种意义上认为医疗保险和道路建设是不同的。然后，我们可以讨论医疗保险是不是一个额外的选择——或者是不是另一个灰色地带。关于医疗保险在哪些方面是必不可少的，在哪些方面是额外的，存在一些争议，其中包括整容手术、变性手术、昂贵的癌症治疗、试管授精，甚至是基本的产妇护理。

把某个事物推到极端的目的是表明许多(甚至大多数或者全部)普遍原则的范围是有限的，困难的部分不在于确立原则，而在于确立范围。这是理解分歧的关键，因为分歧的根源通常是在哪里准确地画出界线，而不是原则本身。此时我们可以使用灰色地带的方式来表明对立位置之间的区别可能不是黑与白，而是处于灰色阴影中。如果能证明立场的不同是数量上的而不是性质上的，我们就已经开始在对立观点之间搭建桥梁了。

选择合适层级的类比

我睿智的朋友格雷戈里·皮布尔斯说：类比就像桥梁一样，可以把我们带去任何地方——所以我们最好小心选择桥梁。事实上，如果我们选择一个较高的抽象层级，那么我们实际上将把所有的事物都归为类似的，其中可能包括我们根本不想要的事物。这就是为什么使用类比有时会出错，会导致更糟糕的论证，而不是更好的论证。

在讨论中使用类比通常是这样的：你正在尝试论证或者解释一个命题 *A*。你通过类比做出了一个更吸引人、更容易理解或者更清晰的命题 *B*。这里隐含着一个正在起作用的原则 *X*。这里的要求是：

A 类似于 *B*。
B 为真。
所以 *A* 为真。

这远不如使用一个实际的逻辑等价严谨：

A 在逻辑上等价于 *B*。
B 为真。
所以 *A* 为真。

原因就是这个类比必须通过一些隐含的原则 *X* 来进行。正在发生而又没有说出的事物是：

因为原则 *X*，所以 *A* 为真。
因为原则 *X*，所以 *B* 也为真。
B 为真。
所以 *A* 为真。

现在的这个论证中有一个逻辑上的缺陷，那就是 *B* 为真并不意味着原则 *X* 为真。从某种意义上来说，我们正在试图沿着右侧箭头进行倒推。

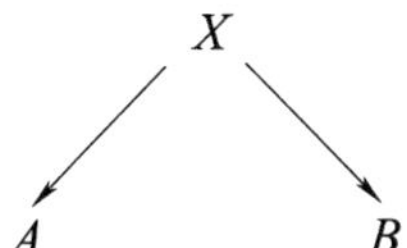

更糟糕的是，在生活里的正常论证中，我们常常根本不会陈述原则 X 是什么，我们只是让人们通过命题 B 来推断原则是什么。这是有缺陷的，因为有许多可能的原则可以发挥 X 的作用，而它们却可以给我们带来非常不同的结果。之前我们举过一个不同类型的少数民族的经历是否相似的例子。如果要讨论哪些行为应该被认为是可接受的或者道德上允许的，那么这可以成为一个更具体的论点。

例如，同性婚姻的支持者说同性关系和异性关系并没有什么不同，所以同性伴侣应该被允许结婚。他们正在使用这一普遍原则：

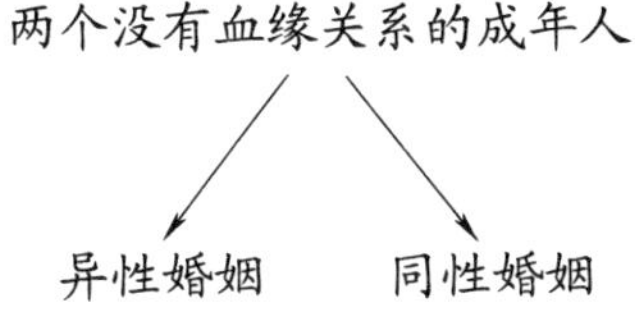

那些反对同性婚姻的人有时声称如果我们允许同性婚姻，那么“接下来我们知道我们将允许乱伦”。他们错误地（或者故意地）认为这个层级的抽象在起作用（如下所示）：

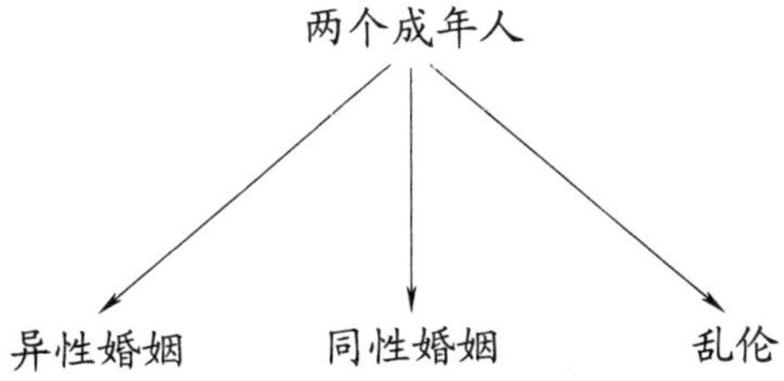

这个争论的分歧在于原则 X，它被认为是 A 和 B 的起因。那些反对同性婚姻的人希望这个原则只适用于“没有血缘关系的男女”，这样异性婚姻是不能类比于同性婚姻的：

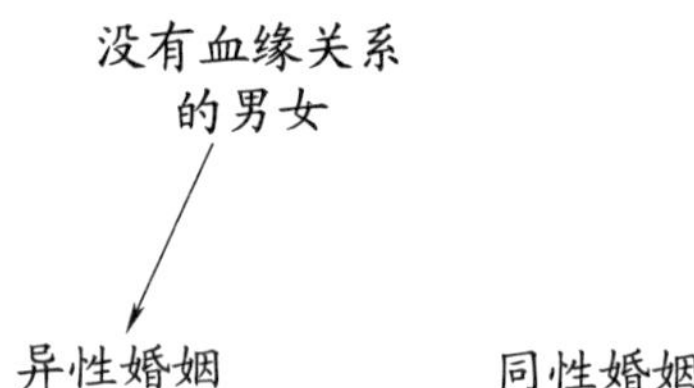

我们看到，当一个人接受了更高层级的抽象时，他们的想象力或者恐惧会让他们比其他已经出发的人走得更远：

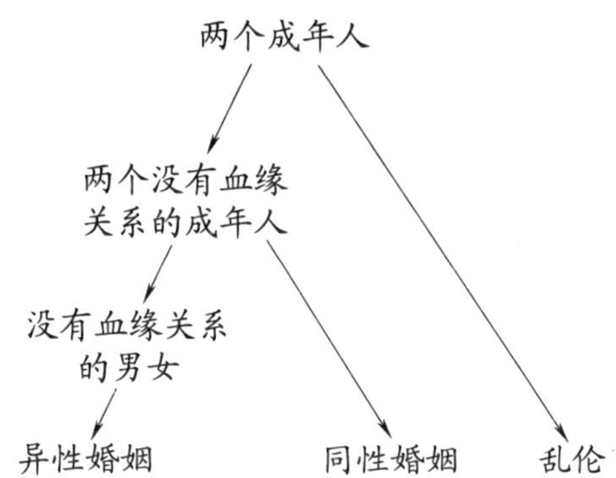

事实上，这里存在一个庞大的越来越荒谬的争论层级。一些人认为允许同性婚姻也包括允许恋童癖和兽奸。我们如果明确了这些概念背后的抽象原则，就会得到下图。每个箭头都表示从一个从原则到实例的过程：

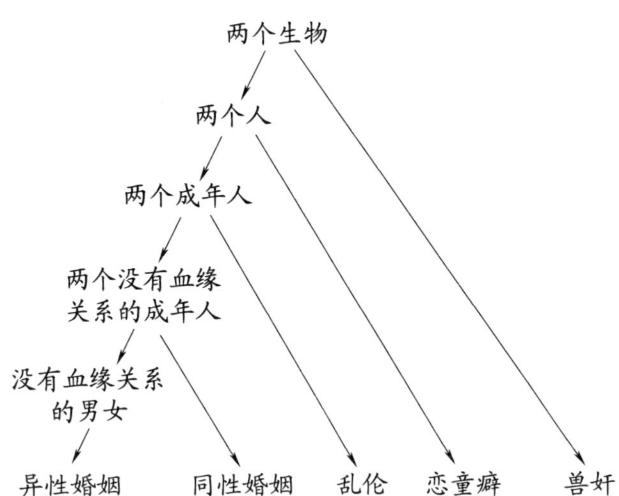

我们看到，随着抽象度的提高，越来越极端的例子被包括进来。有些人支持同性婚姻，但这并不意味着他们必须接受一直到顶端的所有这些原则。

值得一提的是，在白人和非白人之间不允许结婚的时期，在“没有血缘关系的男女”以下还存在更低的层级。一个比“相同”和“不相同”更微妙的论点是争论应该在左边的哪个地方停止。上升一个层级必然上升不只一个层级是错误的论点。

隐含的层级

许多这样的问题出现的原因是生活不同于数学，在生活中我们没有明确地表明自己提到的抽象原则是什么，而是让人们从类比中推断它是什么。但是，听到这个类比的人可以用不同的方式来推断出抽象原则。如果他们不同意我们的观点，那么他们很有可能这么做。

在某种程度上，从类比中推断出的最合理的抽象原则是最小的原则，比如最小公倍数，或者图中箭头的第一个交汇处。在上述例子中，较高的交汇处太高了——它们并不是最小的。因此，认为支持同性婚姻的人除了“两个没有血缘关系的成年人”这一最低交汇点还相信其他普遍原则是不合理的。

在日常生活中，类比之所以模棱两可的一个原因是我们很少明确表达我们调用的抽象原则是什么。毕竟，这个练习的要点之一是直观地吸引人们，而不必发挥他们的抽象能力。然而，每个人接下来都必须猜测调用了什么原则。而在数学中，明确表达抽象原则实际上是全部要点。我们观察类似的情形 A 和 B，并且使用精确的陈述来表明我们将研究是什么原则 X 导致了它们相似，因此不可能存在歧义：如果 A 和 B 都是 X 的例子，并且 X 是正确的，那么 A 和 B 肯定都是正确的。

就像关于同性婚姻的争论一样，有关类比的分歧基本上有两种形式。它开始于一些人调用如下形式的类比：

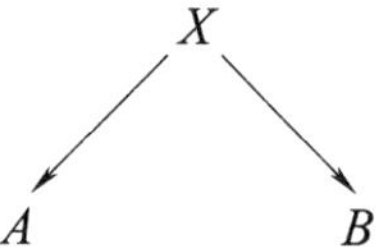

但是，通常 X 不会被明确地表述。现在有人表示反对，一种原因是他们看到了一个更加明确的原理 W 在起作用，它才是 A 背后的真正原因，所以他们不认为 A 和 B 是相似的：

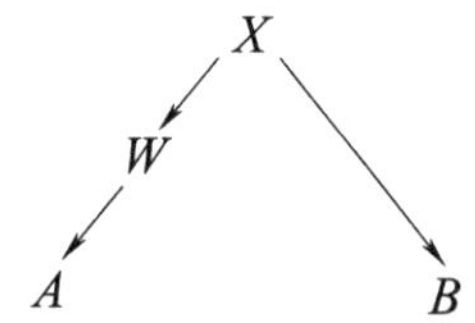

还有一种原因是他们发现了一个更加普遍的原则，他们认为第一个人调用了这个原则。这使得另一个命题 C 是可类比的，而他们对此表示反对：

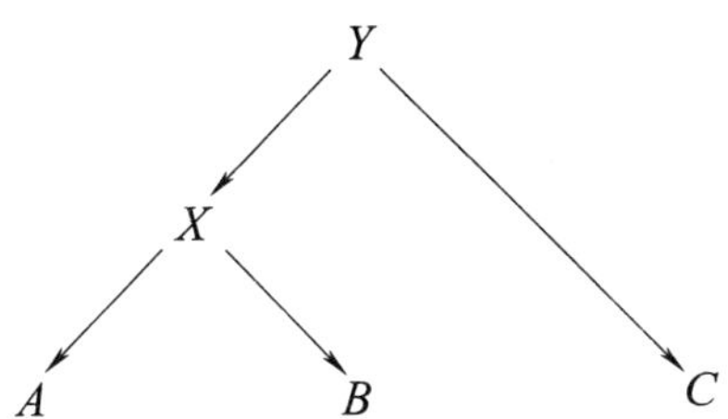

在这两种情况下，对我们更有帮助的是更清楚地了解真正起作用的原则是什么，以及探索不同情况是否相似的意义，而不是仅仅声明某些事物是相似的或者是不相似的。

例如，白人对黑人的种族偏见和黑人对白人的种族偏见是一样的吗？下图展示了在哪种原则下它是相同的或不同的：

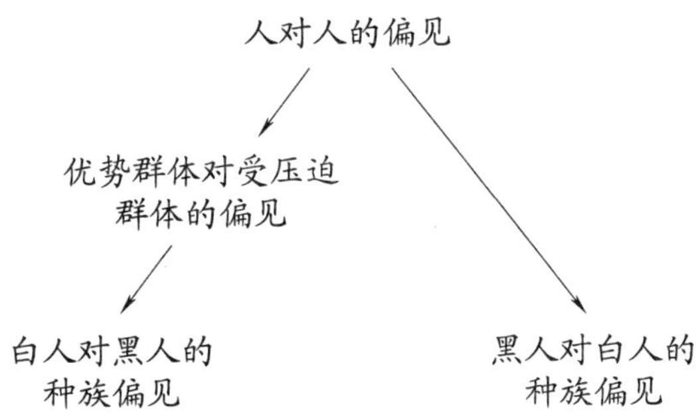

争论的实质是我们应该上升到哪一个层级的原则。

对于理解一个情况来说，什么抽象层级算是好的层级，是没有正确答案的。所有的类比都会在某个地方失效。这就是类比的全部意义：它是与原始事物不同的事物；它在某些方面是与原始事物相似的，但在某些方面也是不同的。一个类比会失效并不意味着这个类比是糟糕的。但是，如果这个类比的失效在某种程度上与我们讨论的内容相关，这就可能是非常重要的了。

我认为我们能做的最好的事情就是探索不同的层级，找出是什么层级导致了类比的出现和失效。这向我们展示了什么抽象原则在起作用。最后，整体目标是更好地理解在什么情况下事物是等价的，以及在什么情况下事物是不等价的。这是下一章的主题。

第十四章

•

等价

•

事物何时是相同的，何时是不同的

关于数学，长期存在一种误解，那就是，数学就是要“得到正确答案”，一切都是简单的正确或者错误。另一个广为流传的说法是数学全是关于等式的。

这些看法都有一定的道理，但远非完全正确。等式在学校的数学课中确实经常出现，但是随着研究的深入，我们研究的对象比数字更有趣，问题也变得比等式更有趣了。

等式的核心有一个重要的观念，那就是它们是关于寻找彼此相同的事物的。然而，除了事物本身，没有任何事物是完全一样的。正如我们在第八章中看到的，除了形式为 $x=x$ 的等式，所有等式都是谎言，而这个等式又是完全没有启发性的。其他等式有一定的道理，所以，在某种意义上等式两边是相同的，但关键的是，在某种意义上，它们是不同的。我们看到，在等式 10+1=1+10 中，从产生相同答案的意义上看，等式两边是相同的；但是从技术上看，两边描述了不同的过程，所以等式两边不是相同的。

数学中等式的意义在于找到在一种意义上不相同，但在另一种意义上相同的两个事物。然后，我们可以利用它们相同的意义在它们不相同的方式之间进行转换，从而获得一些启示，就像我们在前一章中描述的那样。这个观念一直延续到数学研究层面，在该层面中，“同一性”的意义变得越来越微妙，人们必须投入越来越多的努力，寻找和描述适当的同一性概念。

我们在前一章中看到，类比涉及寻找并不完全相同的情境——这些情境在某种意义下是相同的，而在另一种意义下是必然不同的。然后，我们可以把它们相同的意义当作枢纽，于是我们也许会着陆在一个在逻辑上相似，但在情感上更吸引人或者更极端的地方，从而更容易在道德上做出判断。

但是，不同的抽象层级会产生具有不同“同一性”程度的类比。我们应该选择哪一个抽象层级呢？这是另一个经常出现灰色地带的地方。有许多不同的方法可以使事物等价或者不等价。比起问题“这两个事物是相同的还是不同的”，有一个更好的问题是“在哪种意义上，这两个事物是相同的？在哪种意义上，它们是不同的？”

数学中的等价

我们第一次接触数学时，数学都是关于数字的。除了相等以外，数字之间并没有真正的相同之处，所以数学几乎都是关于等式的。然而，随着数学的发展，它开始涉及一些比数字更有趣、更微妙的事物，比如形状、曲线、面、空间和图案。它们之间有更多相同的方式，这取决于你对精确度的严格程度。作为人类，我们已经非常习惯在不同情境下接受不同程度的同一性。例如，如果两个不同的人写字母“a”，并不会呈现出完全相同的形态，但是我们会认为它们是“同一个字母”。而且，我们有可能会分辨出它们是由不同的人书写的。如果我书写几次字母“a”，它们看起来会略有不同，但是笔迹专家应该能分辨出它们是由同一个人书写的：

a a a a

在电脑上“手写”字体的问题之一是你如果仔细看，就会发现每个字母“a”都是完全一样的。所以，虽然可能乍一看文本像是手写的，但仔细看你很快就会分辨出它们并不是手写的。

在数学中，我们在不同的情境里可能也需要不同层级的等价性。你可能还记得，如果两个三角形的形状和大小都完全相同，那么我们称它们为全等三角形。也就是说，它们具有相同的角度和相同的边长。从某种意义上来说，它们是完全相同的。如果它们具有相同的角度，但是具有不同的边长，那么其中一个三角形就是另一个三角形的缩放版本，于是我们称它们为相似三角形。

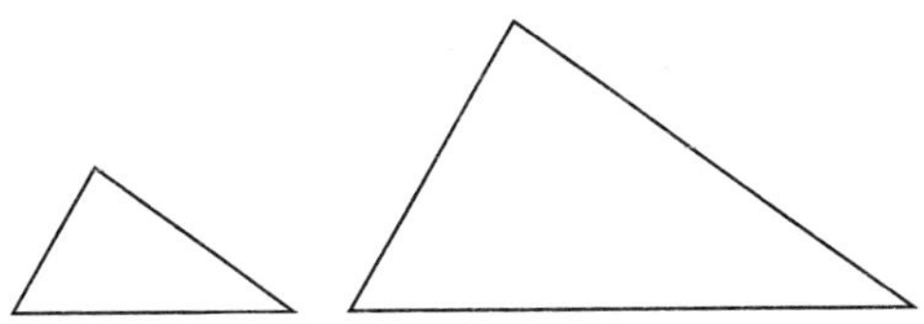

这两个三角形并不是完全相同的，但是在某种意义上它们是相同的。从

某种程度上来说，第二个三角形看起来就像第一个三角形更接近自己眼睛时的样子。那么下面这个三角形又如何呢？

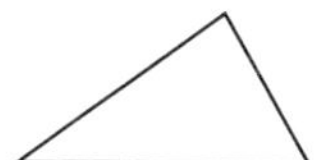

这就是第一个三角形，但它是侧向翻转过的。翻转一个三角形会使它变成不同的形状吗？这取决于你用它做什么。当孩子们学习如何写字母时，他们有时很难找到正确的写法。我很同情他们，因为我们期望他们明白以下两个图形并不是相同的：

S Ƨ

即使在某些强烈的感观意义上它们的形状是相同的。

事实上，所有的等价和同一性都取决于你考虑了什么，忽略了什么——除了严格的等式，比如 $x=x$，我们是没有办法使这个等式不相等的。因此，随着数学变得越来越高级，它变得越来越与寻找事物相同的意义和不同的意义有关。事物的维度越多，事物相同的方式就越多，而且事物就会变得越微妙。

近期解决的最著名的数学问题之一是庞加莱猜想，它本质上是关于微妙性的问题。这个猜想涉及研究更高维度的空间（某种特殊的空间），庞加莱猜想的提问是：在我们不考虑尺寸，也不考虑曲率和点的情况下，如果两个事物“形状相同”，那么如果我们此时把它们视作相同的事物，将会发生什么？我们可以把它考虑为一块橡皮泥，在不破坏它或者将某些部分粘到一起的情况下揉搓它，并把得到的事物都当作一样的。就像一个著名的例子一样，在这种情况下，一个环形甜甜圈和一个带有把手的咖啡杯是“一样”的——甜甜圈中的洞相当于咖啡杯的把手。当然，理解橡皮泥在更高维度里是什么有点儿困难，但这就是数学并不真的把它比作橡皮泥的原因。总之，庞加莱猜想的内容是在这个条件下，哪些空间是相同的以及哪些空间是不同的。这并不意味着这些空间是相同的；这只是意味着，从这个特殊的角度来看，它们可以被看作相同的。

在这种同一性（在技术上被称为“同伦等价”）下，正方形和圆形是相同的。但是，如果说你正在做一个轮子，那么正方形肯定和圆形是不一样的。如果你正在做蛋糕，那么正方形和圆形可能都是可以的——除了正方形蛋糕模会因为有棱角而比圆形蛋糕模更难清洗。（而且蛋糕的边角可能也会比其他部分烤得更焦一些。）

在生活中，甚至有更多的把两个事物认定为相同和不相同的方式，因为我们在生活中思考的事情比我们在数学中思考的事情要微妙得多。所以实际上，我们应该更加注意事物相同和不同的方式，而不是仅仅宣称它们是相同的或者是不相同的。事实上，这是另一个我们倾向于用黑色和白色来看待事物，而不是理解中间整个灰色地带的例子。

我们已经看到了在哪种最明显的意义下事物是相同的——如果两个事物实际上是相等的。但这对我们并没有帮助。在另一个极端，我们可以看到在哪种极端的意义下事物是不同的——虚假等价。在考虑灰色地带之前，我们接下来先讨论这个问题。

虚假等价

关于儿童服装和玩具的“性别”问题，每隔一段时间就会爆发一场争论。一方指出，如果孩子们愿意，男孩和女孩就可以玩相同的玩具，没有理由把一件带有恐龙的 T 恤称为男孩的 T 恤，把一件带有花朵的 T 恤称为女孩的 T 恤。通常另一方会抱怨这种做法的合时宜性，并且宣称我们应该“让男孩就是男孩，让女孩就是女孩”。

在我看来，他们是把“男孩和女孩可以玩相同的玩具”这一论点等同于把男孩变成女孩和把女孩变成男孩的意愿。这是一个错误的等价关系。

错误地把一个陈述与另一个陈述等同起来是一种迂回的策略，但是并不符合逻辑。它经常被用来曲解某人的话，把他们合理的立场变成一个更糟糕的立场，然后以此攻击他们。虚假等价常常会把争论推向越来越极端的地步。它包含了不正确的逻辑片段，声称两个并不相同的事物在逻辑上是等价的，所以虚假等价是逻辑谬误的一种形式。

在第十二章中，我们讨论了处理灰色地带的良好的逻辑方法。虚假等价出现的方式之一就是当我们不能很好地处理灰色地带时，我们常常会把事情推向极端。“如果你不支持我们，那么你就是在反对我们。”好吧，你可能既不完全支持他们，也不完全反对他们。你可能支持某些人做的某些事，但不包括其他的部分。这些问题中有一些是虚假等价的版本，还有一些可以在错误否定中找到根源。当一个陈述被错误地否定时，将会产生一个更加两极分化的对立面。有时，问题正如前一章中描述的那样，是一个有缺陷的类比。在这个类比中，有人走到一个过高的抽象层级，并且声称你的陈述是与某些荒谬的东西相类似的。在所有的情况里，这都会造成分歧，而不会找到共同点。

事实上，我自己在某种程度上会把有关男孩和女孩着装的争论推到极端：为了以最糟糕的角度来展示相反的论点，我选择了我能想到的最无害的论点——“在政治上正确”的论点。实际上，在表象之下还进行着更加复杂的争论，那就是关于性别刻板印象和性别压力的争论。当人们对别人的观点感到非常不满时，我们有必要试着弄清楚潜在的问题到底是什么，这可能是根本不符合逻辑的，却是值得的。潜在的问题可能是非常个性化的。

个人品位

一个人在表达个人品位时，有时会冒犯其他人。可能我在说出“我讨厌吐司”（我确实讨厌吐司）时，其他人就会感受到冒犯，因为他们真的很喜欢吐司。

拿吐司来举例可能听起来有点儿愚蠢，但也许下面这些情况更可信。当我说“我觉得莫扎特的作品很无聊”时，喜欢莫扎特的人会认为这是一种侮辱；或者，如果我说“我不喜欢爵士乐”，那么喜欢爵士乐的人会认为我在批评他们；再或者，如果我说“我不想成为胖子”，那么人们会认为我以肥胖为耻。

我认为这是虚假等价在起作用。某些人听到

“我不喜欢吐司。”

就会认为这等同于

“我不喜欢钟爱吐司的人。”

这是一个虚假等价：这两个陈述在逻辑上并不是相等的。我很高兴你喜欢吐司，只是我自己不喜欢吐司而已。这与

“我不喜欢偷盗。”

不同，因为事实上我也不喜欢那些喜欢偷东西的人。还有一个虚假等价出现在

“我不想要成为胖子。”

和

“我认为胖子是糟糕的。”

之间。这并不是逻辑上的等价。我们可以写出如下抽象版本：

我不想要成为 X。

和

我认为成为 X 的人是糟糕的。

如果 X 是“一名医生”，那么这显然是一个虚假等价：我不想成为一名医生，但我并不认为医生是糟糕的，我只是不想成为他们中的一员。另一方面，如果 X 是“一个可怕的人”，那么第二个陈述实际上解释了第一个陈述：我认为可怕的人是糟糕的，所以我不想成为其中的一员。这说明这里的错误是逆转错误的一种形式。假设我们有如下陈述：

A：我不想要成为 X。

> ***B***：我认为成为 X 的人是糟糕的。

下述蕴涵并不是非常有争议的：

$$B \Longrightarrow A$$

但是，那些对我感到不满的人错误地认为如下逆转陈述是正确的：

$$A \Longrightarrow B$$

如果逆转陈述是正确的，那么 A 和 B 在逻辑上就是等价的，但是错误的逆转导致了虚假等价。

还有一种类似的虚假等价类型：当我说“我喜欢每天称体重”时，有些人认为这相当于“我认为每个人都应该每天称体重”。因此，如果没有这样做，他们就会感觉被冒犯。我们再来看看

> 我喜欢每天都做 X。

和

> 我认为每个人都应该每天做 X。

如果 X 指的是“弹钢琴”呢？我当然喜欢每天都弹钢琴，但是这并不意味着我认为每个人每天都应该这么做。另一方面，如果 X 指的是“刷牙”，那么我喜欢每天都这么做，而且我认为如果可以，每个人确实都应该每天这么做。

有关情境的逻辑到此为止。这就是一个例子，说明我是如何通过我的个人品位或者愿望来限制自己的陈述，从而总是成为正确的一方的。

然而，当我说我不想成为胖子的时候，人们确实经常会感到不满，

而且他们很少能被我对逻辑的解释安抚。在下一章中，我们将更多地讨论有关克服情感反应的尝试，但我认为这里值得注意的是，揭露虚假等价关系为我们提供了人们感受到冒犯背后的逻辑性：他们把我不想成为胖子和我批评肥胖的人等同起来了。对于这种逻辑，我们可以做的更富同情心的事情就是承认人类语言和逻辑是不同的，因为语言可以以一种逻辑所不具备的方式承载内涵。如果我真的没有批评胖子，那么我或许应该找一种不同的方式来表达自己的想法。或者，我应该仔细审视自己，看看自己是否有一小部分是在批评他们，但是又声称只针对自己，这样就可以隐藏在逻辑安全的背后。就像人们在表达一种煽动性的观点时，声称自己正在吹毛求疵一样。

该死的指控

我们刚刚看到，当我没有指责他人的时候，虚假等价是如何让人们以为我在指责他们的。另一种情况是虚假等价会导致人们对我进行该死的指控，这很快就会演变成一场对立的争论，在这种争论中，两个人都不会试图达成一致意见，而是试图把对方置于越来越糟糕的境地，从而把分歧推向越来越远的距离。

例如，我可能会说我不想变成胖子，所以我很注意自己的饮食。然后有人可能会对我说："你以肥胖为耻，这是对女性的厌恶。"因为不想成为胖子，我受到了很多种批评，但这是最常见的一种。显然，不想变成胖子让我成了厌恶女性的人。突然，这就变成了一场关于厌女症的争论。

一个人即将做出虚假等价的标志是他们开始说："你基本上是在

说……”，这是他们把你的话扭曲成另外一种意思的信号。你可能会说：“有些人只因继承了大量的金钱，就不用担心任何事情。而其他人生下来却一无所有，我认为这是不公平的。”这时，有些人可能会争辩说：“所以你基本上是在说，每个人的钱在他们死后都应该被没收，这样他们就不能把钱传给别人了。”这根本不是我要表达的意思。在简单地允许不平等的代代相传和死后强制没收所有财产之间存在许多可能性。但是，其中的争论是很复杂的，包括试图在生活的各个阶段都消除不平等；试图帮助那些出生时一无所有的人，这样他们就可以摆脱这种境况，然后也许他们也能有一些东西传给自己的孩子。对于快节奏的争吵比赛或者在线交流来说，其中的争论通常是过于复杂的。

一般来说，由虚假等价驱动的对抗性论证可能是这样进行的：

> 你在说 A。
>
> A 相当于 B。
>
> B 是糟糕的。
>
> 因此，你是个糟糕的人。

这种逻辑可能会在两个地方失效：其一，也许 B 并不是真的糟糕；其二，也许 A 并不是真的相当于 B。当然，它也可以在这两个地方都失效。反驳一个在许多地方都失效的逻辑可能会让人莫名其妙地感到困惑，比如你给出太多的理由或者提出了太多的抗议。举个例子，你支持学校的生殖教育，而有人宣称这等同于纵容婚外性行为，所以这是邪恶的。此时你会反驳道：我不认为这等同于纵容婚外性行为，而且我也不认为婚外性行为是邪恶的。

错误的二分法

关于男孩和女孩玩具的争论还有另外一个方面：事实上，这是一个错误的二分法。争论者认为只有两种选择：

> ***A***：在一些玩具上标注“男孩专属”，在另一些玩具上标注“女孩专属”。
>
> ***B***：强迫男孩做女孩，强迫女孩做男孩。

二分法就是选择被明确划分成选项 *A* 和选项 *B*，且只存在这两种可能性。错误的二分法就是当你认为选项被完美地划分为 *A* 和 *B* 时，事实并非如此。因此，你错误地认为 *A* 等同于“非 *B*”，而且 *B* 等同于“非 *A*”，这就是为什么说这是一个虚假等价的例子。

在上述论证中，人们认为 *B* 是 *A* 的否定，但事实并非如此。不做 *A* 可能还包括只是简单地去除玩具上宣称它们属于某种性别或者另一种性别的标签；男孩还是男孩，女孩还是女孩，每个人都可以玩任何他们想要玩的玩具。我怀疑那些相信错误否定的人是出于对灰色地带的深深的恐惧，但是很难确定它到底是什么。有一个简单的例子，如果你对一个人说：“我不会说你是瘦子。”她会突然哭喊道：“你认为我是个胖子！”她正在跳进这个错误的二分法中：

> ***A***：我是个瘦子。
>
> ***B***：我是个胖子。

可能是出于对社会要求女性保持苗条的压力的恐惧。这是一个错误的二分法，因为有可能 *A* 和 *B* 都不是正确的。

我们可以在下一幅图片中表达这一点，图中展示了所涉及的不同陈述之间的关系。这是一个真正的二分法，圆被完美地分割成 *A* 和 *B*：

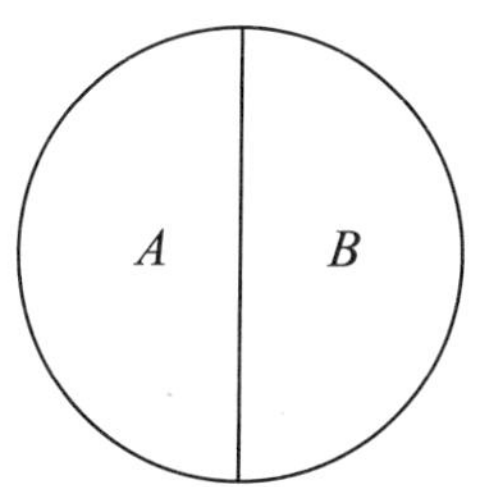

接下来，错误的二分法可能以两种方式发生。一种情况是这两个事物可能都不为真，就像成为瘦子和成为胖子的例子一样：

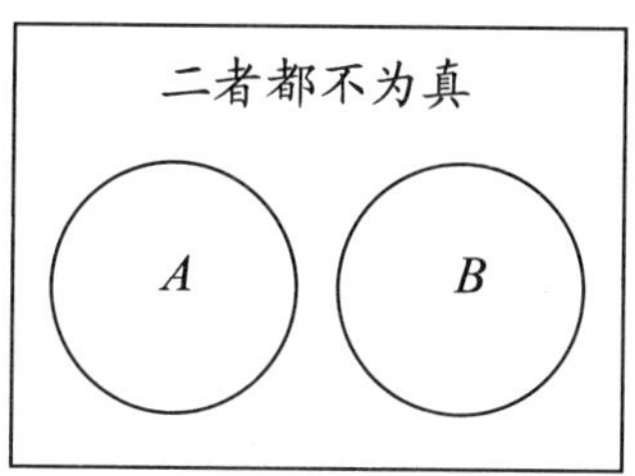

另一种情况是这两个事物存在同时为真的可能：

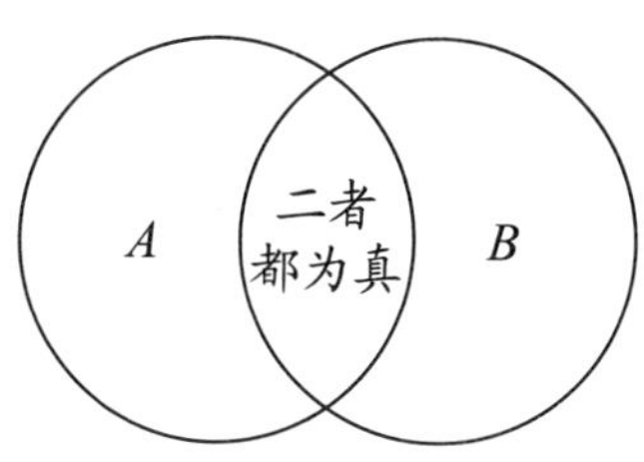

当然，这两种方式同时失效也是有可能的。现在，我们将看到第二种错误二分法的一个例子。

节食

一个常常给我带来麻烦的错误二分法是：

> ***A***：有些人应该注意节食（因为这有助于他们保持健康）。
>
> ***B***：有些人不应该节食（因为这妨碍他们保持健康）。

对我而言，注意节食当然是有帮助的，但我承认，对于其他人来说这会带来问题。我们都应该为自己选择最好的选项。不幸的是，当我说 *A* 时，人们认为我在否定 *B*，然后他们就会很生气地说不“节食”才是最好的。但这并不意味着分歧：*A* 和 *B* 的确都有可能是正确的（我确信它们都是正确的）。

真正对 *B* 的否定是一种更加极端的陈述——“每个人都应该节食”。所以，也许这里的错误就是在我原本十分温和的陈述和这个极端陈述之间的虚假等价。

我们在第六章中看到，画出概念之间的关系图是非常有帮助的。所以，我现在要画一些错误的二分法的关系图。在下面的图中，我的观点是左上方的那一个，而典型的反驳论点是右下方的那一个。而实际上这两个观点之间并没有分歧：

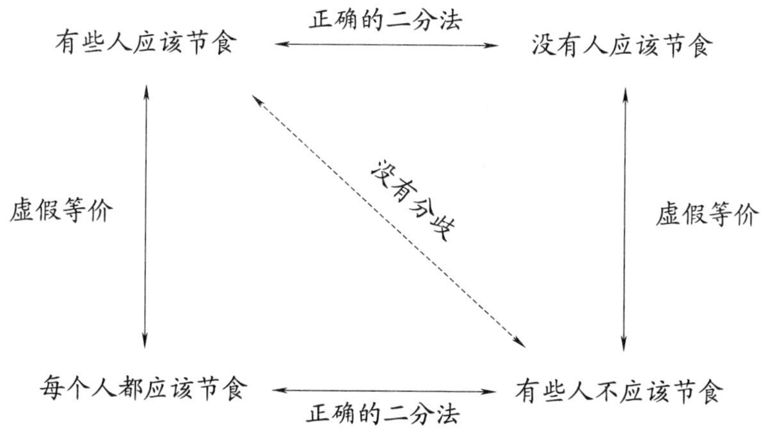

关于这个争论，真正有趣的是，它通常会变成一个关于我们是否持不同意见的元论证。我试图指出我们都在表达同样的观点，而争论者通常坚持认为我们并没有这样做。我认为他们真的感觉我在批评他们没有注意自己的饮食。结果就是我们从这两个相容的合理观点出发：

A：有些人应该节食。

B：有些人不应该节食。

到达了这两个荒谬而对立的观点：

A：每个人都应该节食。

B：没有人应该节食。

下图中画出了另一条对角线：

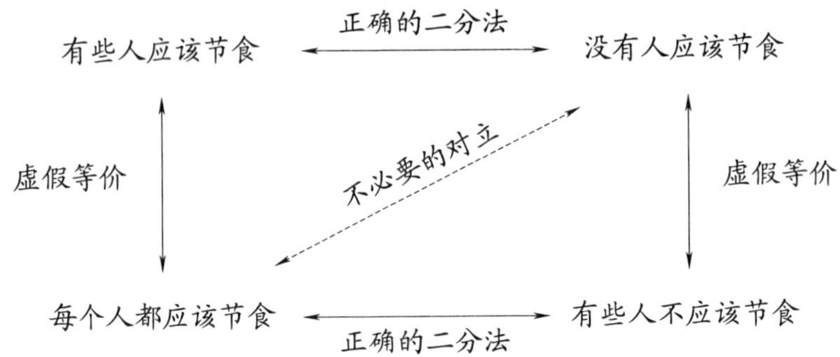

我认为这是另一个普遍的虚假等价的案例，是在做出选择 A 和认为没有其他有效选择之间的虚假等价。我选择了 A，并不意味着我认为每个人都应该选择 A。然而，当我选择了别人没有选择的事物（比如注意自己的饮食）时，人们往往认为我在批评他们的选择。我猜想很多情况下人们确实是在批评不同的选择，但是如果我们没有被错误的二分法推向这样的极端，情况就不会如此了。

稻草人论证

虚假等价是稻草人论证的来源之一。在这种论证中，一个论点被一个更容易驳倒的论点（稻草人）取代，然后被适时地驳倒。然而，如果一个新的论点并不等同于原来的论点，那么您做的事就是推翻一个没有人提出的论点。

对"STEM"学科［Science（科学）、Technology（技术）、Engineering（工程）、Mathematics（数学）］的强调有时会受到批评，理由是创造力也是很重要的。这是在科学和创造力之间制造了一个错误的二分法，这可能源于两者之间一个更为基本的二分法：

A：有创造力。

B：有逻辑。

有时这会导致有创意的人去证明自己不合逻辑，或者拒绝合乎逻辑。创造力和艺术之间以及逻辑和科学之间，也存在虚假等价。艺术和科学中都具有逻辑性和创造性：

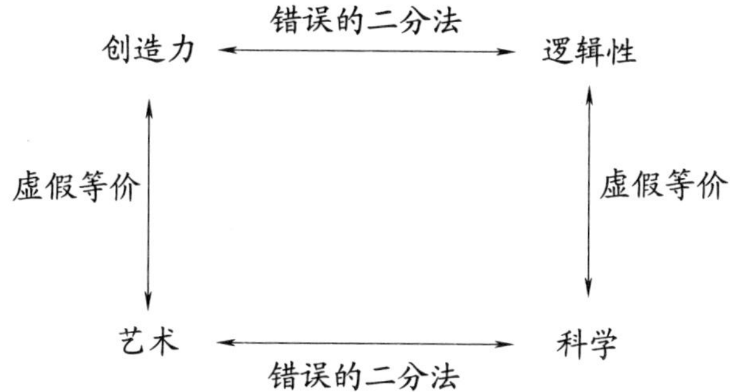

因此，把创造力当作反对强调 STEM 教育的论证是一个稻草人论证。在不贬低科学的前提下，有许多有效的方法可以提倡艺术教育。

我经常看到的最有害的稻草人论证是把“所有生命都很重要”当作对“黑人的生命很重要”的回应。在我看来，这就是稻草人论证。“黑人的生命很重要”这一口号的真正含义是“黑人的生命和其他生命一样重要，但目前他们被当作没那么重要的人来对待，我们需要做些什么来纠正这种不公。”当然，这并不是一个吸引人的口号。

稻草人论证故意将“黑人的生命很重要”曲解为“黑人的生命很重要，而其他人的生命不重要”，后者很容易被反驳，只要你说“所有生命都很重要”就能做到。“所有生命都很重要”这个论点除了驳斥了没有人试图反驳的谬论，令人沮丧的是几乎不可能被反驳。为了反驳它，我们必须争辩说“有一些生命是不重要的”。但是，除了一些应受谴责的极端分子，我们并不会这么认为。就像节食的案例一样，我们可以在图中展示这种推向极端的情况。严格地从逻辑上来讲，在“黑人的生命很重要”和“所有的生命都很重要”之间并不存在分歧。然而，如果我们用并非等价的稻草人论点“有些人的生命不重要”来代替“黑人的生命很重要”，那么没有分歧的第一个图将被推向极端，变成带有对立对角线的第二个图：

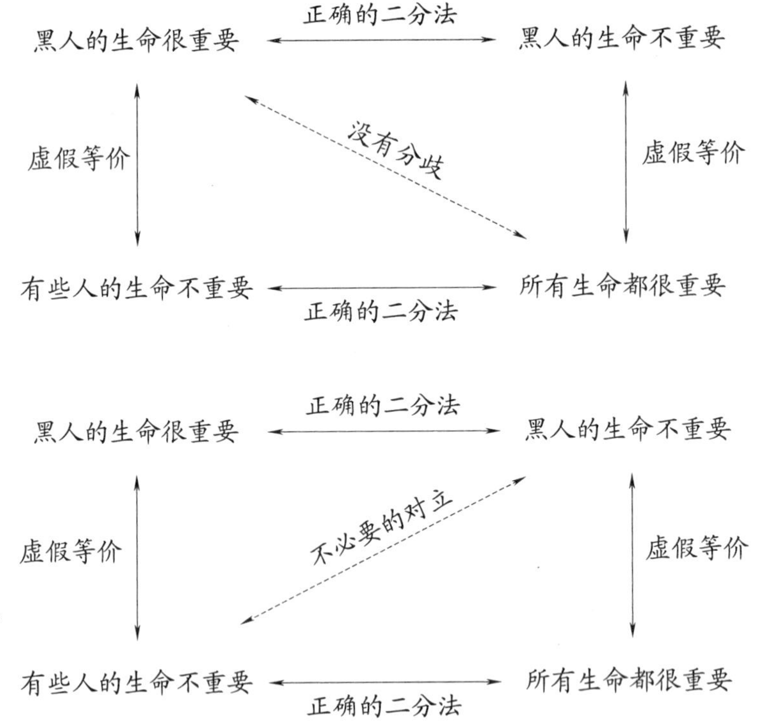

为了得到一个合乎逻辑的论证，我们需要说服那些反对“黑人的生命很重要”的人：“黑人的生命和其他生命一样重要，但目前他们被当作没那么

重要的人来对待，我们需要做些什么来纠正这种不公。”

这个论点有三个部分，通过“和”来连接：

> ***A***：黑人的生命和其他生命一样重要。
>
> ***B***：目前黑人的生命被认为没那么重要。
>
> ***C***：我们需要做些什么来纠正这种不公。

论点是这样构成的：

> *A* 和 *B* 和 *C*。

为了驳斥这一点，你只需要反驳其中的一个部分。如果能够说服反驳者承认他们反对哪个（或者多个）部分，我们就更能理解争论点是什么。

如果反驳者不同意 *A*，那么我们可以断定他们是彻头彻尾的种族主义者。如果反驳者不同意 *B*，那么我们可以断定他们对世界的现状一无所知，或者是自欺欺人。如果他们不同意 *C*，那么他们可能不认为自己是积极的种族主义者，因为他们可能没有致力于积极的压迫。但是，如果你不试图采取措施来战胜压迫，那么我们可以说你就是压迫者的同谋。至少，如果弄清楚了这一点，我们就可以更有效地调查为什么这个人不同意 *B* 和 *C*，是因为他们认为黑人是自作自受？还是因为他们通常认为帮助别人并不是每个人的责任？在第一种情况下，我会试图说服他们去理解体系是如何运作的，将人们置于目前的社会地位的体系并不是孤立的、互不相连地运行的，相反，这个体系是一个浑然一体的历史体系，里面充满了侮辱、虐待和压迫。

在第二种情况下，我们更有可能陷入僵局。如果有人不愿意帮助其他人，那么这就是他和我在各自的公理认知上的基本差异。

对于反对者真正要表达的意思，也有一种不合逻辑但符合情感的解释；他们反对“黑人的生命很重要”运动，是因为他们把这个运动与愤怒和攻击性联系在一起，他们认为这样做会适得其反。在第十五章中，我们将揭示隐于争论背后的情感因素的重要性，包括那些看起来没有逻辑意义的争论。就此案例而言，我们应该讨论以下内容：

（1）“黑人的生命很重要”运动是否真的与愤怒和攻击性同义。

（2）愤怒和攻击性在什么时候是合理的。

我们可以运用一个抽象枢轴来搭建一架灰色地带的桥梁，并且接受在某些情况下，攻击性是不合理的（例如，您去商店购买某样东西，但是它们已经售完了）。以及在一些情况下，攻击性是合理的（例如，如果有人试图杀死你，那么你激烈地攻击对方就是可以原谅的）。接下来就变成一个灰色地带和可能性的问题——在美国，黑人受到的对待很可能和有人正在试图杀害他们相似，因此他们的攻击性反击行为是可以被原谅的。

当然，这种分析对于社交媒体上的交互来说太复杂了，但不幸的是，许多争论恰恰就发生在社交媒体上。对于处于愤怒和恐惧中的人来说，这也太复杂了。复杂的论证需要一定程度的平静，在数学中也是如此——如果我对将要证明的结果过于兴奋，那么我将无法证明它；或者，如果我正处于时间不够用的恐慌中，也许是因为最后期限迫在眉睫，也许是因为我应该要去做的演讲没有准备好，那么此时我也将无法做出证明。

如果你想避免别人对你进行稻草人式的争论，那么准确地陈述你的立场对你非常有帮助。从第五章中我们已经看到，我们应该考虑导致情境的所有因素。实际上，如果我们不精确地表达自己，让稻草人论证对我们有机可乘，那么我们就有点儿同谋的嫌疑了，即使稻草人包含那些反对我们的人故意做出的一些曲解。与使用博人眼球的口号相比，准确地进行论证需要花费更长的时间，而在一个充斥着模因和280个字符信息的世界里，这是有问题的。在第十六章中，我们将抛开这个快节奏的世界，回到自己对慢节奏论证的需求中。

类比

在上一章中，我们看到当你试图通过类比来论证一个观点时，会出现复杂的虚假等价的情况。这通常有些令人担忧，因为类比并不总是在争论中发挥严格的逻辑作用，而是会在说服人们相信某些事物时发挥情感作用。这些虚假等价不再完全是逻辑谬误，而是处于灰色地带中的更微妙的事物。

虚假等价的逻辑谬误经常会出现在这样的逻辑论证中：

> *A* 是（错误地）等价于 *B* 的。
>
> *B* 是正确的。
>
> 所以 *A* 是正确的。

有人可能会成功地论证陈述 *B*，但如果 *B* 实际上并不等价于 *A*，那么他们根本就没有论证过 *A*。在生活中这通常是以如下形式呈现的：

> *A* 在逻辑上是（错误地）等价于 *B* 的。

> *B* 是优秀的 / 糟糕的。
>
> 所以 *A* 是优秀的 / 糟糕的。

这种普遍的情况也发生在稻草人论证中，就像我们前面讨论的那样，例如：

> 认为我们应该从孩子的着装上移去性别标签（*A*）。
>
> 在逻辑上等价于
>
> 我们不想让女孩成为女孩，男孩成为男孩（*B*）。
>
> *B* 是糟糕的。
>
> 所以 *A* 是糟糕的。

把等价当作枢轴是一种更微妙的使用类比的方法。我们并没有宣称 *A* 和 *B* 是在逻辑上等价的，而是调用了涉及某个原则 X 的类比。我们在上一章中展示过这个类型的图片：

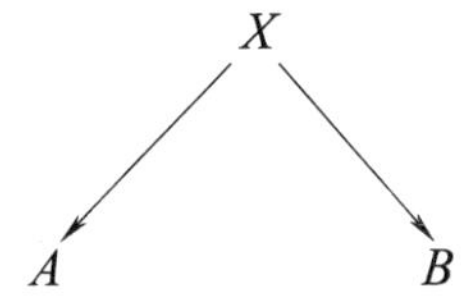

然后，我们可以试着通过把原则 *X* 应用到情景 *B* 中，以制造更多的情感联系，从而说服别人相信这个原则。这里的想法就是 *A* 和 *B* 在抽象原则 *X* 的层级上是等价的。虽然这个例子并没有证明原则是正确的，但是应该可以帮助我们感受这个原则。

正如我们讨论的，这个问题是关于抽象层级，以及 *A* 和 *B* 真正相似的程度的。因为，如果我们达到足够高的抽象层级，那么所有事物都是相同的，但是这根本不能阐明论点。所以，问题不应该是“这些事物是等价的吗？”，而是“这些事物在什么意义上是等价的？”

在下面的图中，根据原则 X，A 和 B 是类似的；但是根据原则 Y，它们是不类似的。如果有人说 A 和 B 是类似的，我们不能简单地评价这是不是虚假等价，我们应该讨论哪个原则是合适的。

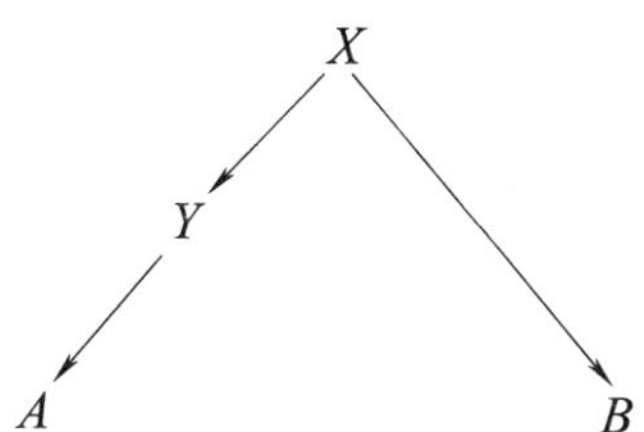

这种情境的例子之一是有关“男性说教”的争论。我发现，使用“男性说教”这个词可能至少能让一个人（通常是男性）变得相当激动，但是我通常认为这更加证明了我们是需要继续使用这个词的。

男性说教不仅仅是男性在向女性解释事情时采用的一种居高临下的方式。这种等价是错误的。男性说教实际上是当一个男人向女性解释某个事物时，尽管有确凿的证据表明女性已经知道了，而男性却忽视这一证据。这是社会体系性假设的一部分，即男性比女性知道更多的事物，无论男人是否有意识，他都在这种特殊情况下应用这种偏见。这种事经常发生在我身上。例如，一个男人在向我解释一些关于无穷的基本知识时，无视我已经写了一本关于无穷的书的事实。丽贝卡·索尔尼就是在一个男士向她解释她自己的书，而她之前已经向男人提及自己写过一本关于这个主题的书之后，创造了“男性说教”这个词。这位男士这么做是为了表明这本书要比她的书重要得多，显然他从未想过这本书可能就是她的。

有时候，有人会向你解释你自己的专业领域。你的专家身份就是你不需要这些解释的证据。但是，有时候你不需要这些解释的证据是你自己已经恰好做过解释了。女性无知的假设并不仅仅是一般意义上的居高临下，更是男性低估或者忽视女性贡献的这一宽泛的社会模式的具体体现。因为这种语境因素被植入了“男人说教”这个词，所以从定义上来讲，这不是女性会做的事情。最常见的稻草人论点是“女性也会说教”。我会说这种情况里的稻草人是将论点歪曲成只有男性是以一种居高临下的方式来解释不必要的事情的。虽然在我的经验中，这样做的几乎总是男人，这不是重点。重点是当男人这样做时，它是全社会对女性的假设的一部分，而这就是为什么它令人如此恼火。

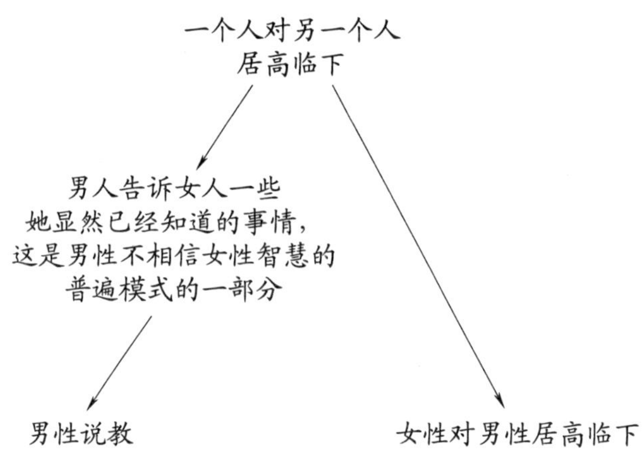

那些认为“女性也会说教”的人似乎认为“男性说教”这个词只是为了形容男性对女性的居高临下而创造的。如果我们一直走到这个图的顶端，那么这确实类比到女性对男性的居高临下，但是这个抽象的层级太高了。

虚假的虚假等价

我们从男性说教中看出，如果我们不小心，虚假等价就会被用来关闭有效的论证。但是对虚假等价的错误指控也是如此。

我们来想象一下关于高等教育是否应该由政府买单的争论。一个人表示反对，理由是高等教育是可选的，每个人都可以自己决定是否接受高等教育。因此，如果这部分费用是由国家支付的，那么个人就可以决定如何使用政府的钱。

另一些人可能会说，医疗保险也是如此——当医疗保险由国家支付时，个人可以决定是否去看医生，所以他们基本上也在决定如何使用政府的钱。当然，对于那些认为医疗保险不应该由政府买单的人来说，这种观点是站不住脚的。但是，如果这个人反对政府资助的高等教育，却支持政府资助的医疗保险，那又该怎么办呢？这是不一致的吗？

在这一点上，如果你用这种方式指责某人前后不一致，那么他们很可能会惊呼“这是不一样的”，这是当一些人试图反驳另一个人的类比时通常使用的战斗口号。但是，类比当然不是一样的——它是一种类似。问题是，这种类比是否会在一个关键问题而不是一个无关紧要的问题上站不住脚。

你可以争辩说，人们并不是“决定”去看医生，他们只是在生病的时候才会去。而事实上，我认为去看医生的决定和继续高等教育的决定是有相似之处的。由于不同的原因，不同的人决定走不同的道路。我认为这并不像“疑似病症患者与正常人之间”以及“病人与健康人之间”那样明确。有些人似乎认为这是一个黑白分明的逻辑体系：

	健康	生病
疑似病症患者	看医生	看医生
正常人	不看医生	看医生

而我认为它更像一个模糊的逻辑体系：

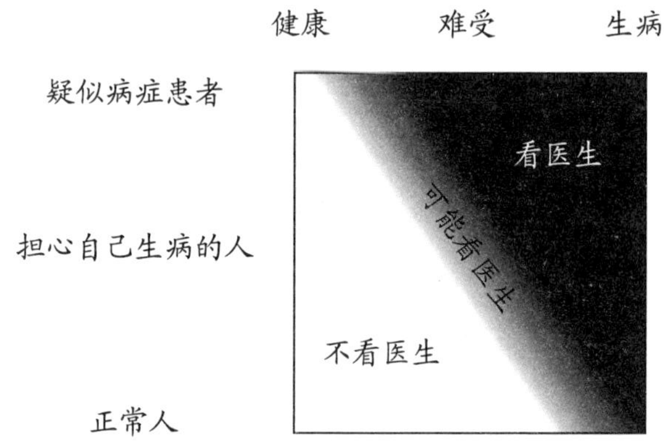

有些人一直拒绝去看医生。威尔·博斯特在他令人印象深刻的回忆录《结尾》中谈到，他的父亲宁愿死在路边的车里，也不愿按下紧急按钮，他对得到医疗帮助的想法是非常反感的。

除此之外还有大多数人都会寻求医疗帮助的情况。例如，他们的四肢都骨折了，或者遭受了三级烧伤。其他的情况就是一部分人会去看医生，而另一些人决定不去看医生。众所周知，很多人在患重感冒时会去看医生并索要抗生素，即使抗生素对病毒是没有任何作用的。而我只会选择睡觉以及喝威士忌。所有这些都是为了说明我们确实会在使用医疗保险上做出自己的选择。

我们将此与高等教育进行比较。是否接受高等教育并不完全是一个自由的选择，因为如果你没有得到学位，那么当今有很多职业你是无法进入的。这和（比如说）50 年前的情况大不相同。那时候，除非你想成为一名医生或者科学家（或者也许一些其他的职业），否则接受高等教育更像一种放纵。在没有学位的情况下，你仍然可以成为一名银行家、一名公务员或者一名教师。今天，你可以选择不去接受高等教育，但接下来你可能会被限制在一份低薪的、没有技术含量的工作中，或者你不得不指望自己成为一名不同寻常的企业家。尽管幸运的是，职业学徒制度在一些领域仍然存在，但现在，即使是艺术家，人们大多也期望他们是拥有学位的。

这两个不同的观点可以这样来表述。一些人认为教育和医疗保险是不可类比的，因为他们正在使用如下原则：

而其他人认为通过使用下列原则它们是可以类比的：

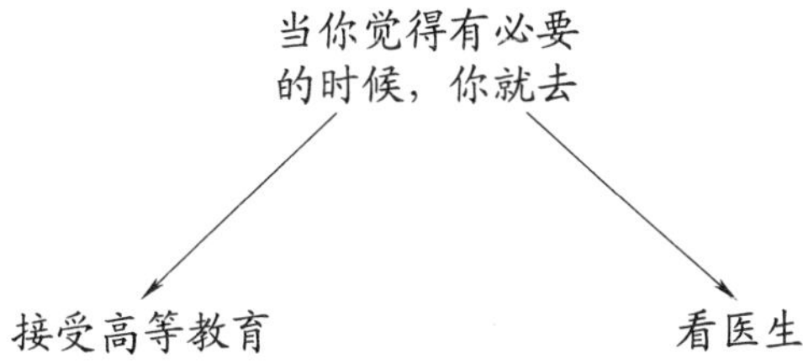

我认为，不管是接受高等教育还是看医生，大多数人都会选择去，因为他们认识到这对他们未来的生活是至关重要的。然而，这种认识等级是

主观的。对一个人来说看似不自觉的、至关重要的事情，对另一个人来说可能是放纵的选择。我承认这里可能存在一些例外——富人上大学纯粹是为了享受大学的乐趣，因为他们的生命中永远不需要依赖教育。也许这与那些没有特殊原因就去看医生的疑似病症患者是相似的。

所以，情况是否是等价的呢？一个“虚假等价”的声明本身是需要被证明的。仅仅表达某些事物是不相同的并不意味着它们在某些关键方面不是等价的。

操纵

虚假等价和错误的二分法通常会导致错误的论证，并且在那些可能并不是真的有分歧的人群之间制造分裂。这一点可能会被政治家、媒体或者那些仅仅从纷争中就能比从团结中获得更多利益的人利用。

这会是党派政治中的一个特别的问题。在党派政治中，一个政党把反对作为它的全部目的。然后，如果左翼政党向中间靠拢以赢得更多选票，那么反对党就必须进一步向右偏移，以便有力地反对他们。

个人也可以通过做出一个具有说服力的虚假等价，将人、观点或者政策等价为某些公认的很糟糕的对象，从而将其置于更糟糕的境地。他们可能会宣称自己持“不爱国”的立场，从而激起那些心系爱国主义的人士的强烈情感。例如，一些人宣称投票把英国留在欧盟是很“不爱国的”，或者宣称在国歌声中跪着是很“不爱国的”。

接下来，一场细致入微的论证将会探究“爱国”究竟意味着什么。也许它意味着热爱并且支持你的国家。然后我们可以讨论一下信任欧盟是否意味着你不热爱以及不支持自己的国家。实际上，如果你希望英国得到最好的结果，而你认为最好的结果意味着留在欧盟，那该怎么办呢？然后，问题又回到了一个关于什么对英国最好的争论上，这个争论才是争论应该关注的地方，而不是那些简单的谩骂。

虚假等价论证可能具有阻碍性，但在更糟糕的情况下，它们实际上可能具有破坏性。一些恐同（性恋）者错误地延续着将同性恋和恋童癖联系在一起，甚至等同起来。有跨性别者恐惧症的人会把跨性别者和变态联系在一起。这些都是令人憎恶的、显而易见的虚假等价，是可以用大量统计数据来证明的虚假等价。但是，那些想要煽动仇恨的人仍然会迫使这种错误的对等关系长期存在。

这些都是一些最具破坏性的方式，在这种方式下人们可以被情感手段来操纵。这种操纵的方法依赖于我们没有足够的逻辑思维来看透它们。不幸的是，由于情感的力量大于逻辑的力量，许多人要么无法进行足够的逻辑思考，要么一旦情感被激起，就会被阻止进行逻辑思考。在下一章中，我们将探讨情感和逻辑之间更好的互动是什么样的。

第十五章

•

情感

•

逻辑何时需要帮助

情感不会说谎。它们从来都不是虚假的。如果你感觉到了某个事物，那么你肯定是在感受它。如果有人说，你没有理由有这种感觉，那也是无济于事的。如果他们告诉你他们的感受是完全不同的，那还是无济于事的。你能感受到它总是有原因的，从这个意义上来看，情感总是有某种逻辑的。我们应该理解和解释这些情感，不应该否认或者压抑它们。我甚至会更进一步，认为我们应该使用它们：当我们进行逻辑思考时，情感不仅可以发挥作用，而且应该发挥作用，记住这一点非常重要。正如我们已经看到的，在从事严谨的数学工作时，我们会使用情感；在生活中进行逻辑论证时我们也应该使用情感。拥有情感是我们和计算机之间的一个重要区别。情感可以在我们所有符合逻辑的努力中提供助力，我甚至可以说它们是至关重要的。

首先，情感可以帮助我们找到自己真正相信的事物，就像在我们开始证明之前，情感可以帮助我们猜测数学中逻辑正确的事物是什么一样。然后，当我们开始尝试证明某个事物的正确性时，如果我们仔细分析自己的直觉来自何处，那么情感就会帮助我们找到逻辑上的正确性。

一个（有用的）逻辑过程的下一个阶段涉及说服别人接受某些事物。我们将讨论运用情感的重要性。但是感情不应该取代逻辑——情感应该加强逻辑。

有时人们试图争辩，声称我们应该只使用逻辑和科学证据来得出结论。然而，如果我们遇到一个不能被逻辑和证据说服的人，那么我们怎样才能说服他们相信我们呢？我们不能使用逻辑和证据，因为这些不能说服他们，所以我们不得不运用情感。

在某种程度上，这意味着情感比逻辑更有力量，比任何其他可能的辩解方式都更有说服力。你如果感受到了某个事物，就绝对没有办法来反驳它。这种力量应该通过一种良好的方式被人们利用，从而支持逻辑，而不是与逻辑相抵触。

逻辑和情感

情感化并不一定等同于非理性化，我认为这是一种虚假等价。这在

A：使用情感。

B：使用逻辑。

之间形成了一种错误的二分法，因为我认为这两者是可以兼容的。

使用情感并非天生不合逻辑，使用逻辑也并非天生没有情感。我们可能会被推向一个人为的分歧中，其中一个人说他们坚持使用情感，另一个人说他们坚持使用逻辑。但实际上两者是可能兼得的。

从根本上来说，这已经变成了一种有关智商和同情心的不必要的对立。

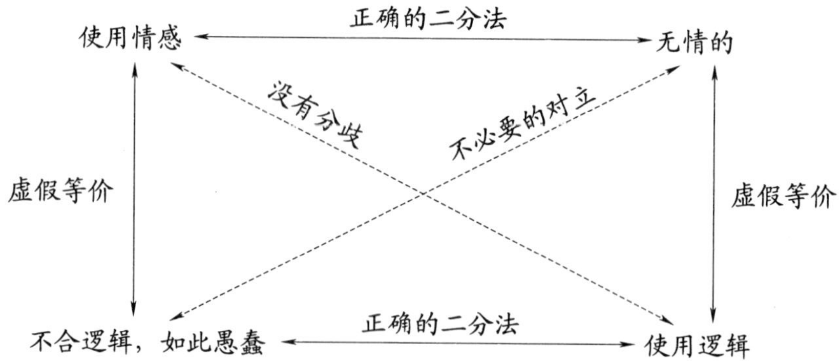

既不带有情感又不合乎逻辑是有可能的，同时带有情感和逻辑性也是有可能的。也就是说，我认为下面的维恩图的所有部分都是可能存在的：

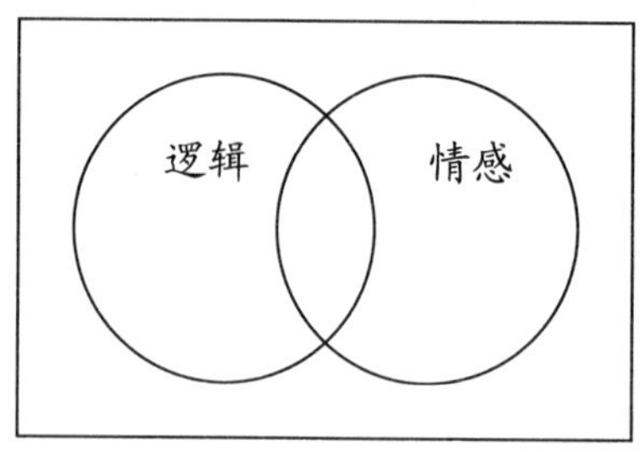

对于左手边，数学中有些方面要求事物非常严格地符合逻辑。这里不是我们开始的地方。在起点处，我们正在产生新想法，发明新语言，我们会在不同方向上探索着前进，以观察会发生什么。这里也不是我们结尾的部分。在终点处，我们会写出证明来帮助其他人理解。这里是至关重要的中间部分，我们在这里仔细证明自己理论的所有逻辑步骤，以确保它是滴水不漏的。我认为，这部分要求我们完全冷静，不要被自己的感觉或者我们想要的正确性打扰，这样我们才能看到逻辑本身是否足以支撑它。

对于右手边，有时允许情感引导一切事物是令人愉快的，甚至是有益的。这可能发生在享受感官体验，允许自己对艺术敞开心扉的时候；或者仅仅发生在支持别人度过困难或者特别快乐的时期的时候。如果一个人受到了很大的伤害，那么运用任何种类的逻辑往往都是没有用的，但是最有帮助的事情可能是简单地和他们坐在一起，陪着他们感受事物。

我发现唯一一个情感没有什么用处的地方就是两个圆的外部区域，那里既没有情感，也不合乎逻辑（虽然我们或许应该算上反射这样的潜意识行为，或者走路、刷牙这样的无意识行为）。相比之下，我认为最强大的地方在中间位置，在那里逻辑和情感并存。它们不仅不需要彼此竞争，甚至可以相互加强。

在逻辑世界中生活太长时间会让人变得很难与他人相处，因为其他人通常或者从来不会完全按照逻辑行事。另一方面，那些在情感世界中生活太长时间的人可能会在对待这个世界时遇到麻烦，因为这个世界确实有符合逻辑的行为，而且它确实包含相互作用的组成部分和体系。但是，生活在情感占主导地位的世界里的人并不会主动抛弃理性，只是可能会更多地受到情感而非逻辑的引导。这可能意味着他们会无法理解这个复杂世界的复杂推理。

孩子们通常生活在情感占主导地位的世界里。他们所有的情感都是有效的，而且都能被人们强烈地感受到。但是，他们无法理解更加复杂的长期的论证，比如：如果你只吃冰激凌，那么这最终对你可能是不好的。或者是这样的论证：如果你在雪地里打滚，也许这很好玩，但是你的衣服会被弄湿，那么你就会很不舒服。

成长的一个方面就是培养理解更长的因果关系和逻辑链的能力。具体的体现方式之一就是有能力制订长期的计划，或者能够为长期的利益做出短期的牺牲，而不是仅仅是为了瞬间的满足而生活。至少，这是我个人的一个公理。在另一个极端，还有些人坚信要活在当下，或者要完全生活在情感中。成年人坚定地生活在情感世界中，并不一定意味着他们正在忽视逻辑世界。我相信我在这两方面都有很强的实力。我尊重和信任我的情感，但我总是会寻找针对它们的逻辑解释，这样它们就不“仅仅”是情感了。逻辑和情感并不是相互排斥的。

情感压倒一切逻辑

很多情感反应的方法并不以逻辑为背书，有时甚至是与逻辑相冲突的。其中一个强有力的例证就是震惊和恐惧。如果人们感到害怕，那么他们害怕的东西是否真实并不重要。尽管恐怖电影不是真实的，但人们仍然觉得很恐怖。标题党和博人眼球的口号赚取的也是情感，而不是逻辑，更何况其逻辑性往往是站不住脚的。标题党往往不能准确地反映文章的实际内容，即便文章本身是合乎逻辑的。最近我读到一则标题为“援引司法复审宣布为非法的第 50 条的信函”，这使我感到震惊。但是，当我读到这篇文章时，它所报道的实际上是一名退休医生认为援引第 50 项条款是非法的，并试图煽动司法审查——这两者是非常不同的。你可能不是英国人，可能也不知道第 50 条引发的众怒是什么，这些都不重要，但是你应该清楚的是，“经司法审查，X 被宣布为非法”与“一个退休的医生认为 X 是非法的，他正在试图煽动司法审查”是完全不同的。

博人眼球的口号往往听起来不错，但是要么没有意义，要么没有内容。“体重只是一个数字”，人们很喜欢这么说，或者喜欢说“年龄只是一个数字”。但是，如果我们以正确的方式对待数字，那么它们是可以具备非常丰富的信息的。我的体重正好和我肚子上的脂肪量有关，因此也正好和什么衣服适合我有关。某些医疗风险会随着体重和年龄的增长而上升。你也可能会说“医疗风险只是一个数字”。甚至，当你正在持续发高烧时，你会说“温度也只是一个数字”。

恐惧使人们超越逻辑，这在紧急情况下是一件好事。但是为了让人们压倒一切逻辑而制造恐慌就不是一件好事了。在人际关系中，恐惧也会成为障碍，即便它不是被当作一种蓄意操纵的手段来使用的。如果有人感觉受到了攻击，那么这可能会导致他们压倒一切逻辑，或者导致他们无法使用逻辑。再或者，这会导致人们太过执着于一个他们并不真正持有的立场。为了让争论有所收获，我们需要做的是寻找在立场之间架起桥梁的方法，从而让人们能够移动，而不是把人们逼入困境，使他们固守在一个立场上。顺便说一句，对于很多人来说，即使他们愿意改变自己的主意，也可能是在私底下没人注意的时候才会这样做，就像换衣服。

接下来，我们将讨论一些重要的方法，在这些方法里我们应该做到使用情感。下面，我们将从自己使用的语言开始。

有说服力的情感

在第十章中，我们讨论了语言的出发点。事实上，语言在以一种甚至是模糊逻辑的方式发展之前，必须先产生一些基本的单词。这些单词会对人们产生强烈的情感影响。当数学家为新的数学概念选择词汇时，他们通常会非常认真地思考他们想要引起什么样的情感反应。毕竟，名字中是包含某些事物的。正如莎士比亚的作品中朱丽叶所说，即使“玫瑰不叫玫瑰，也依然芳香如故”。当然，她天真得令人感动。如果玫瑰突然被命名为“腹泻”，你还能认真地去闻一朵玫瑰花吗？这可能需要一些心理上的挣扎。

因为美国航空公司改变了登机的程序，所以最近登机的时候我不禁会思考词语的逻辑性和情感力。不同于以往在第 1 组之前由不同的“优先组”先登机，现在是将这些优先组重新命名为数字 1 ～ 4，然后将第一个普通的登机组改为第 5 组。这造成了各种各样的混乱，因为人们无法听清指令，或者无法阅读登机牌，或者不能理解其中的逻辑（或者三者都不是）。我个人认为，从逻辑上讲，这并没有什么结构上的区别，因为登机组仍然是按照相同的顺序登机的，不管这些登机组是叫铂金组，还是叫红蓝组，还是叫香蕉青蛙组，还是叫 1 和 2 组，都是无所谓的。但是，有些人显然对不再属于一个被称为“优先组”的群体而感到非常沮丧。对他们来说，这个词真的很重要。它会产生情感上的影响，而不是逻辑上的影响。那些因为不属于优先组而感到沮丧的人是对这个词感到沮丧，而不是对实际的登机过程感到沮丧。

这种语言表达上的差异有一个更为严重的例子：一项针对年轻的男性大学生的研究发现，他们似乎认为强迫性交可能并不是强奸。研究发现，承认强迫过别人发生性行为的男性比承认强奸过别人的男性要多得多。有人可能会称之为一种“虚假不等价”的情况。在这种情况中，有些男人认为不经双方同意的性交与强奸是不同的。这不幸地证明了我们在围绕“同意”的教育问题上还有很长的路要走。

语言的情感内涵可以被有意地利用，正如我们在第三章中讨论的，在美国有人把“奥巴马医改”当作平价医疗法案的别称。如果有人支持平价医疗法案，但不支持奥巴马医改，那么残酷的事实就是他们显然不是根据事物的价值，而是根据事物的名字来评价它们的。这同样是在虚假不等价的情况下，显示了语言的力量。这些都是情感引导甚至操纵人们思维过程的例子，而这种方式是与逻辑无关的。

操纵这个概念会让人产生负面联想。如果有人被称为操纵者，那么这不是一件好事。这个世界一直在试图操纵我们，特别是公司、政客和媒体。我们要培养自己清晰思考的能力，目的之一就是使自己经受住正在席卷世界的操纵行为的冲击。

然而，和其他的情感工具一样，如果情感操纵能帮助我们克服生活中的困难，那么我们有理由接受它的力量。情感操纵帮助我克服了对飞行的恐惧，而单靠统计数据是做不到这一点的——此时的逻辑是无法与我的情感相匹配的。情感投入对我的减肥也很重要，因为关于健康风险的统计数据是不够的——直到我内心深处害怕变成病态性肥胖，我才能够做到减肥。（把这一点作为一个方法用在别人身上是不被接受的，因为它包含了“以肥胖为耻”。）

有时人们会用灰色地带来操纵我们，但是我们也可以用灰色地带来操纵自己。我会通过对自己使用情感技巧来激励自己，克服思维障碍，停止拖延。也许，如果我是一个更有逻辑的人，那么我将永远不会缺乏动力，不会遭遇思维障碍或者陷入拖延。我的母亲是我认识的人中最有逻辑的一个，她从不拖延。但是，这种逻辑水平超出了我的理解范围。

责备自己并不能使我变得合乎逻辑，而责备别人也不会使他们变得更加合乎逻辑。因此，当我们在处理自己的情感部分时，我们需要以一种情感的方式来对待他人和我们自己。

在“后真相”世界中，情感常常被当作事实来呈现。有些人指责别人把感情和事实混为一谈，尤其是当他们似乎被逻辑和证据以外的东西说服的时候。事实上，很多人都会被个人经历、某个有魅力的人所说的某些事、同伴压力、从众心理、恐惧或者爱说服。广告和市场营销推动了我们对世界的许多体验。市场营销关注的不是怎样证明产品是更好的，而是怎样让人们感觉一个产品是更好的，即使它在本质上和其他产品是一样的（或者更糟）。

但是这些让人们相信事情的方法并不都是坏的。我们似乎普遍认为通过个人经历我们会变得更加聪明，并且可以从中学到一些有用的东西；富有魅力的教师是良好教育的重要组成部分；同伴压力和从众心理可以促成或好或坏的改变，例如人们在民权运动中的表现。有时，人们戒烟是因为同伴压力，而不是因为证据表明吸烟有害健康，但是他们至少已经戒烟了。但是，基于恐惧做出决定通常被认为是一种消极地贴近生活的方式，而基于恐惧的选举是令人不快甚至能够制造分裂的。

有一些领域已经变得特别擅长通过唤起人们的情感来让大家相信他们的信息。这些人可能包括宗教领袖、公众演说家、教师、广告商以及艺术家。科学有时会面对这样一种信念：只有证据和逻辑才应该被用来传达结论。但这是不现实的。如果要做到这一点，我们必须一开始就只通过证据和逻辑来说服所有人。如果人们还没有被证据和逻辑说服，那么我们怎样才能只利用证据和逻辑做到这一点呢？我们最终陷入了罗素悖论这样的困境。

此外，认为仅凭逻辑就能说服人们是不现实的。事实上，这在很多情况下都是虚伪的。因为科学家自身也难免会对一些有争议的话题（如科学领域的女性）做出基于个人经验或者情感的结论。

我们不应该为了寻求更严谨的论述而贬低情感，我们应该承认情感的真实性，并致力于找出它们当中蕴含的逻辑的意义。

情感中的逻辑

感觉不是事实。抑或它就是事实？这取决于我们的意思是什么。即使我“觉得”1+1=3，这在正常生活中也是无法成真的。（令该等式为真的数学世界是存在的，但那是另外一回事了。）同样的，即使我“觉得”因某种罪行而被捕的人就是有罪的，这也不能被证明是正确的。

但是，在某个意义上感觉就是事实。这个重要的意义就是：感觉总是真实的。如果你感觉到了某个事物，那么你对它的感觉是无法用逻辑来驳倒的。如果人们只是有某种感觉的话，试图说服他们“不应该”有这种感觉是很少有效果的。情感在压倒逻辑方面是非常有力量的。

一个更有成效的方法是找到情感背后的解释，发现那个逻辑和你试图传达的逻辑之间的差异，并且利用情感来帮助你弥合这个鸿沟。通过这种方式，我们没有将逻辑与情感对立起来，而是将情境中的情感和逻辑隔离开来。于是，我们只是将逻辑与逻辑对立，将情感与情感对立。在某种程度上，这正是优秀的数学教学过程包含的内容。如果一个学生给出了错误的答案，仅仅向他们解释正确的答案是很少有帮助的。首先，你必须发现他们为什么给出错误的答案，理解其背后的思维过程，并且以某种方式说服他们相信你的思维过程是更健全的。

情感如此有力的原因通常可以追溯到一些基本的恐惧，但是恐惧起作用的方式非常奇怪。有时恐惧能说服人们相信某些事情，有时则不然。那些相信气候变化证据的人通常非常害怕地球的未来，所以他们觉得我们对此采取措施是极其紧迫的。那些不相信这些证据的人通常并不害怕气候变化，所以不会对此采取任何行动。但是，为什么我们不能让那些人足够害怕，以至想要做点什么呢？相比之下，为什么有些人会如此轻易地陷入对难民的极度恐惧中，尽管没有证据表明难民比持枪的美国白人更危险？为什么有些人一点儿也不害怕枪支暴力，或者至少没有足够害怕到想要对枪支实施更严格的限制呢？

因此，政治观点是由恐惧驱动的并不是真正的解释，因为它并不是在所有情况下都有效的——它只是一个类比，但是发生在错误的抽象层级上。也许在这些情况之间更好的类比就是行动。就气候变化而言，采取行动来应对气候变化是需要做出一些个人牺牲的（更好地利用资源可能需要耗费很多资金）。同样，采取行动来反对枪支也需要一些人做出个人牺牲（放弃他们的枪支）。而在难民问题上，不惧怕难民也需要一些人做出牺牲——放弃资源来照顾难民，在群体中接纳难民。也许，驱动这些争论的并不是恐惧，而是个人对牺牲的信念。

在这个假想的论证中，我们使用了一种关键的技巧——使用类比——来激发他人的情感。

动人情感的类比

在第十三章中，我们将类比作为执行抽象以及从一种表现形式转向另一种表现形式的结果进行了讨论。执行抽象的过程可能是明确的，也可能是不明确的。在最简单的层级上，类比是一种情境，它与你真正讨论的情境有一些共同之处。但我认为类比隐藏了某种非常有力的东西：一种试图让人们对一个情境有不同感受的方法。人们一旦对事物有了不同的感受，就能以不同的方式来看待逻辑。类比的力量在于通过情感来完成这个过程，而不需要诉诸任何人对其中逻辑的理解。除非你正在与已经精通抽象和逻辑的人交谈，否则这可能是你所能做的最好的事情。

类比的方式之一就是从人们似乎没有任何感觉的情境转移到他们有强烈情感反应的情境。例如，想要说服白人女性更多地关注种族主义，人们可以将种族主义和性别歧视进行类比，并试图通过这种方式来调动她们的情感。从某种程度上来说，这里所有的技巧就是在更高的抽象层级上，从逻辑世界向情感世界转换：

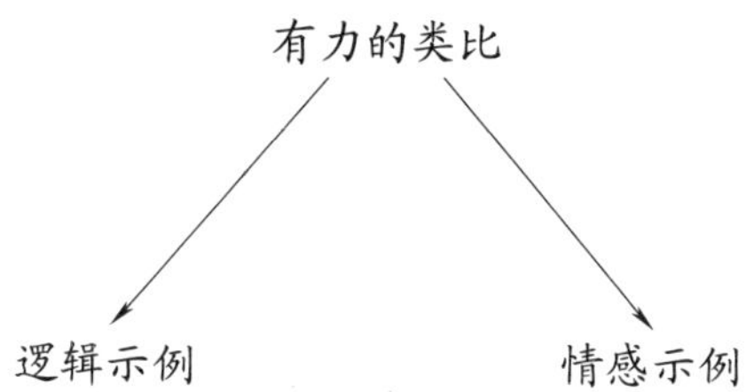

类比的有趣之处在于，当我在思考一个好的类比时，我必须抽象地思考以寻求深层的逻辑论证。然后，创造性地将其应用到另一个情境中，以调动某人的情感。当我这样做的时候，我确实觉得自己是在以一种高度数学化的方式使用我的大脑，感觉我好像使用的是大脑的同一个部分。但是在现实生活里的争论中，问题的关键在于让其他人体会到我的观点，而不必用那种高度数学化的方式进行思考。每个人在抽象和逻辑上的专业水平都是不同的。在这样的世界中，找到可以巧妙地绕过这些差异去诠释事物的方法是很重要的。这就是我在向学生或者非数学家解释数学时会大量地使用类比，而在研究讨论会上较少使用类比的原因。

通过将最后三章的主题结合在一起，现在我们将展示在围绕跨权力关系的偏见问题上，如何使用类比来调动人们的情感。我们已经讨论过这样一个事实，即总体来说在社会中男性占据的权力地位是高于女性的。有些人认为这意味着男性对女性开粗俗的玩笑比女性对男性开粗俗的玩笑更糟糕。或者更极端的看法是，男性对女性的性骚扰比女性对男性的性骚扰更糟糕。其他人则认为这两者是一样的。

对此，没有正确或者错误的答案。但是在某种意义上，这两者是相同的；而在某种意义上，它们是不同的。两者相同的意义在于它们都是由“一些人欺凌另一些人”构成的。在这个抽象层级上，我们有一个等价的关系。

我们可以保留社会中有关权力的信息，只抽象到“有权力的人欺凌没有权力的人”这个层级。在这个层级上，男性欺凌女性等同于白人欺凌黑人，但不等同于女性欺凌男性，或者黑人欺凌白人：

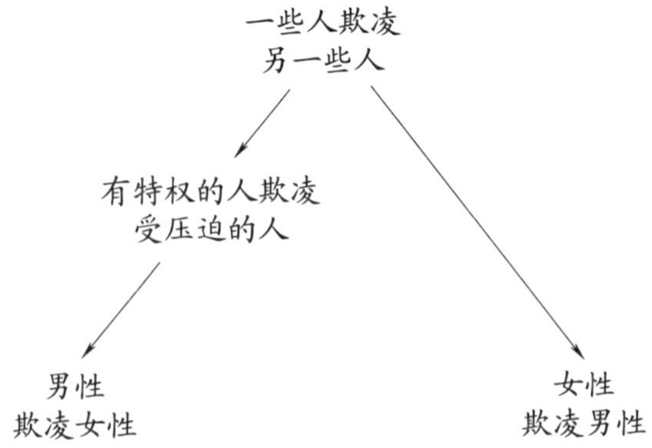

现在，问题已经变成了中间抽象层级是否相关的问题：也就是说，权力差异是否是一个相关因素的问题。我相信它是相关的，但许多人坚持认为它不是。我们可以试着通过引用一个更清晰的例子——一个他们肯定会有所感觉的例子，来促使这些人去思考普遍情况下权力的差异。比如，一名老师正在调戏一个学生。这里存在着一个明确的权力差异的问题。这就是为什么在一些国家，即使互动似乎是双方自愿的，老师和学生之间的互动也是非法的，就像成年人和未成年人之间的互动一样。在未成年人的情境中，儿童是绝对不会被准许互动的。但是在教师和学生的情况中，学生虽然可能超过了准许的年龄，但仍被认为在这种特殊的权力关系中是不能准许互动的。

我们有如下类比（事实上，是一个类似的类比）：

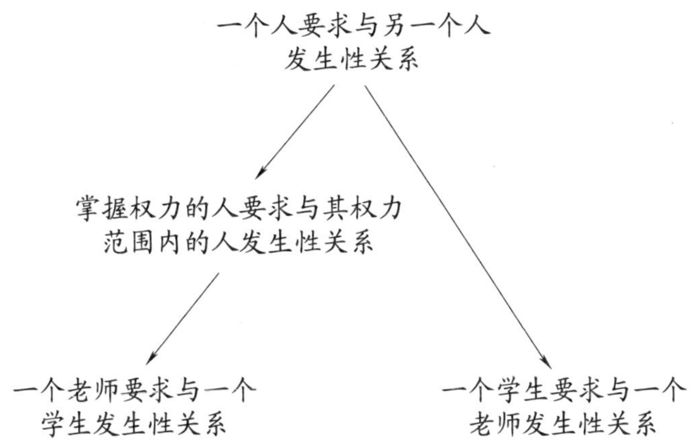

我希望每个人都能同意老师接近学生并不等同于学生接近老师，因为这里存在权力的差异。同样，一个老板试图引诱员工也并不等同于一个员工试图引诱老板，因为老板比员工更有权力。

如果我们能够同意在某些明确的情况下，权力差异至少有时会产生一些影响，那么争论就变成了有关灰色地带和在何处画下分界线的问题。如果可以在任何地方画线，那么哪些权力差异会造成不同影响，哪些又不会呢？我们可以试着说服人们，因为白人在权力、政治、管理、娱乐以及所有有影响力的位置上都占据着主导地位，所以白人对黑人的集体控制就像老板对员工的控制一样。

如果他们仍然不同意，那么这可能会归结为从个人拥有的直接权力（老板对员工）和群体权力（白人对黑人）进行观念转变的问题，以及群体权力是否完全转移到个人身上的问题。这就是结构性种族主义的问题。

在撰写本书以及仔细思考这些论点的过程中，为了寻找进一步的抽象和逻辑观点，我进行了一层层的剥离。我意识到这些论点中有多少可以归结为个人观念和群体观念之间的矛盾。这种意识适用于个人和团体责任的博弈，或者每个人应该在多大程度上照顾自己，或者是否应该存在团体关怀。它还适用于关于人们是否认为社会对群体的待遇会影响其对个人的待遇的思考中。这一点可以追溯到个人基本公理中的差异，在这种情况下，我们需要思考如何说服一些人改变他们的公理。

我们已经讨论过通过使用类比来揭示我们自己的个人公理。此外，我们还可以通过使用类比来揭示其他人的个人公理，以便理解他们为什么会那样思考。如果我们不同意他们的观点是因为逻辑的用法不同，那么我们暂且不必考虑这种情况。但是，如果我们不同意他们的观点是因为基本原则的不同，那么我们很难在不调动情感的情况下改变这些原则。

例如，为什么有些人有时会如此不相信科学证据？这可能是因为他们在不相信科学证据的状态中投入了太多，那么在这种情况下收集更多的证据将是无济于事的：改变他们的投入状态才会有所帮助。弄清楚这些人为什么不相信科学证据是有帮助的，我们不应该因为他们的不相信而责备他们。

我们一旦发现某人的公理是分歧的根源，就可以开始思考如何改变它们了。如果这些公理根深蒂固，那么改变可能会很难，但这可以通过经历、交流、教育、同理心来实现。但是，在所有的情况中这种改变都是通过调动他们的情感来进行的。虽然我们的分析并没有告诉我们如何做到这一点，但是至少如果我们真正理解了为什么有些人会有这种感觉，那么这就比我们仅仅认为他们很愚蠢要高明得多。

对于许多人来说，情感和直觉比逻辑更具有说服力。正如我讨论的，数学也是如此。这就是为什么我认为我们不应该简单地轻视观念。事实上，我的整个研究领域（范畴理论）都可以被认为是一个令数学直觉精确化的领域。这样，我们几乎可以完全使用自己的直觉来进行计算，因为我们知道它是会与严格的逻辑相匹配的。

纵观历史，在得到了严谨的正当理由的支持之后，直觉的运用对于数学家来说已经取得了很大的成就。因此我相信，在逻辑的支持下，直觉和情感在正常的生活中也能取得很大的成就。不幸的是，虽然几乎每个人都有感觉，但并不是每个人都能遵循复杂的逻辑。因此，我认为更加富有逻辑的人有责任运用情感手段来确保逻辑思维得到传达。这就是本书最后一章的主题。

第十六章

智慧与理性

如何在一个不合乎逻辑的世界里使用逻辑

我们已经讨论了逻辑的力量和极限，并且讨论了情感的力量和极限。最后，我将讨论如何将逻辑和情感结合起来，从而成为一个乐于助人的、有说服力的、非常理智的人。不仅是一个遵循逻辑规则的人，还是一个能够运用逻辑来照亮人类情感世界的人。

首先，我将从最基本的层面来总结我认为逻辑行为包括的内容和不包括的内容。更微妙的是，我将讨论既合乎逻辑又合乎情理意味着什么。然后，我将更进一步描述当你不仅仅遵循逻辑的基本规则，还使用先进的技巧来构建复杂的逻辑论证和调查，从而能够遵循复杂的逻辑论证时，我所认为的强大的逻辑意味着什么。

我将证明即使每个人都以这种方式来遵循逻辑，仍然会存在很多逻辑分歧。但最重要的是，我将描述我认为这些分歧属于何种形式，以及符合逻辑的争论会是什么样的。我希望所有的争论都能采用这种形式。

这并不意味着其中没有情感可以运用。事实上，我要证明的是，比起成为一个有逻辑的人，我更希望每个人都能成为一个聪明的有逻辑的人。我认为这不仅涉及合乎逻辑，还涉及以一种志在帮助他人的方式来使用逻辑。而这就涉及逻辑技巧和情感的关键性融合，而不是它们之间的博弈。这就是我认为的智慧的组成，它可以用下面的图表来表示：

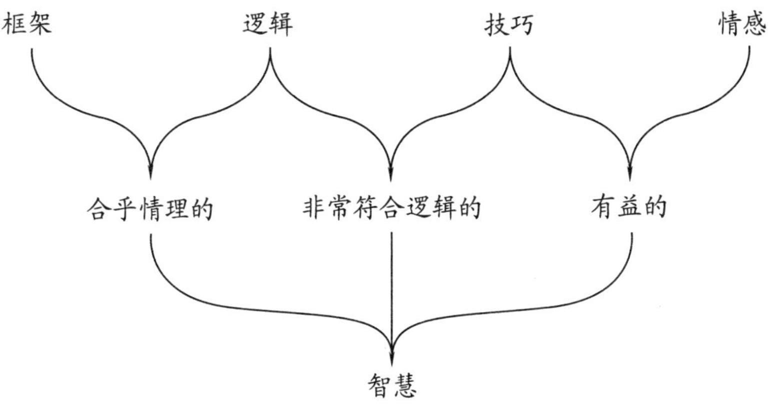

我相信逻辑是人类智慧的核心，但它不是孤立存在的。

什么是有逻辑的人？

有逻辑的人就是运用逻辑的人。但是如何运用逻辑呢？我们已经见过各种各样的逻辑达到极限的情境。但是，要想称自己为有逻辑的人，我们应该尽可能地使用逻辑。有些人看到了逻辑的极限就推断自己根本不需要使用逻辑。但是，这就像扔掉一辆自行车只因为它不会飞一样。

我相信一个有逻辑的人会使用逻辑，但是他们必然有一些核心信念是自己不会试图去证明的。这是他们逻辑的起点。然后，他们相信的每件事都应该从他们的核心信念出发，通过使用逻辑来实现。此外，他们应该相信一切从逻辑上遵循自己核心信念的事物，而且他们的信念不应该引起任何矛盾。

核心信念的观点类似于公理在数学中的作用，正如我们在第十一章中讨论的那样。相信一切在逻辑上遵循你的核心信念的事物，与我们在第十二章中讨论的“演绎闭包”的逻辑概念相对应。你的信念不应该引起矛盾这一观点与我们在第九章中讨论的“一致性”的逻辑概念相对应。

如果这些是合乎逻辑的基本原则，那么不合逻辑又意味着什么呢？“你这是不合逻辑的！”这句话常被那些自认为很理性的人用来反对那些情绪化的人（或者仅仅是那些不同意他们的意见的人），试图以此来终止争论。但是，如果两个人的逻辑体系把他们带到不同的地方，那么他们都是合乎逻辑的，但仍存在分歧。一个带着自己情绪的人可能无法清晰地表达出他们思维中合乎逻辑的内容，但这并不意味着他们的思维是主动不合逻辑的。

不合逻辑意味着做违背逻辑的事情，或者做引起逻辑矛盾的事情。但我认为，只有当这些矛盾是你自己信念体系以内的矛盾时，它们才算是真正的逻辑矛盾。这一点至关重要，因为一个人的逻辑在另一个人看来可能是愚蠢的。我认为这就是“你是不合逻辑的”这句战斗口号的来源。

根据我对有逻辑的人的定义，以下几种有效的方法可以判定你不合逻辑：

（1）你的信念引起了矛盾。

（2）有些你相信的事物是无法从你的基本信念中推断出来的。

（3）你认为你不相信的事物是有逻辑蕴涵的。

第一种情况的案例就是那些所有支持美国平价医疗法案而不支持奥巴马医改的人。正如我们所见，这造成了矛盾，因为美国平价医疗法案和奥巴马医改是同一件事。因此，这些人支持和不支持的是同一件事——这就是矛盾。第二种情况的案例可能是那些人们“只是觉得”的事物，例如他们“只是觉得”那段关系是不会起作用的，或者他们“只是觉得”进化论是不正确的，或者他们“只是觉得”疫苗接种肯定会导致他们的孩子患上自闭症。第三种情况的案例是一些人认为医疗保险不应该包括妇产科，因为任何人都不应该为别人的治疗支付费用。他们认为妇产科只覆盖了女性（尽管事实上它帮助了每一个出生的人）。然而，他们仍然认为前列腺癌的治疗应该包括在内，尽管这是只针对男性的。事实上，保险的全部原则不就是即使你没有生病也要支付费用，这样才能让每个人都能受益吗？在我看来，“我认为任何人都不应该为别人的治疗支付费用”这个陈述在逻辑上意味着“我不相信保险”。因此，如果这个质疑的人仍然相信保险，那么他的想法在第三种情况下就是不合逻辑的。（当然，我们可以进行类比转换，继而发现或许他内心深处认同的原则是男性不应该为只影响女性的东西付费，但是女性为只影响男性的东西付费是完全可以接受的。）

这里有几点需要注意。首先，与别人的逻辑相矛盾并不意味着你是不合逻辑的人。有人可能会说：“从数学上来讲，在餐馆里花 50 英镑吃点儿东西是不合逻辑的，因为你可以在家里做，而且配料只需要花 5 英镑。”这在他们的信念体系中可能是正确的。但是，在我的信念体系中，为别人替我烹饪食物的奢侈买单，而不需要自己亲自做饭，这在逻辑上是有意义的。而且，我还不用去杂货店买东西，也不用事后打扫卫生。

所有这些并不一定意味着我是不合逻辑的，这只是意味着我们有不同的公理。

接下来要注意的是，基本信念的问题是一个灰色地带的问题。我们假设有些人在无法证明的情况下，不相信登月是真实发生的事件。但是，说不定他们已经简单地把这件事当成一个基本信念了呢？对于其他人来说，这件事可能不是非常基本，但这是另一个问题了。归根结底这是一种理解长串推理的能力。我们已经提到过一个例子：一些人说“我不相信同性婚姻，因为我认为婚姻应该是发生在男人和女人之间的”。他们可能把“婚姻是发生在一个男人和一个女人之间的”看成基本信念，而其他人认为这是一个需要证明的被构建的信念。如果有人认为你应该只投票给你真正信任的人，那么情况也是如此。一个人可能认为这是一个公理，而另一些人认为它的合理性有待证明。（我很惊讶，有这种想法的人居然还可以投票，但这已经是另一个问题了。）

一个信念是否足够基本到可以算作公理以及一个公理是否真的合理，是两个非常不同的问题。正如我们很快就会讨论到的，这两个问题都不是非常明确的问题。甚至，如果你的基本信念之一是“我觉得正确的所有事物都是正确的”，那么“仅仅因为你觉得它是正确的你就相信某个事物”这个问题也是有道理的。（顺便说一下，虽然这听起来很相似，但是这和说感情总是真实的说法大不相同。）

最后要注意的是，即使是第三点，也会让我们陷入灰色地带的麻烦。正如我们在第十二章中讨论的，无情地遵循逻辑会将我们推出灰色地带，到达不受欢迎的极端。例如，我们如果以微小的增量移动，就可以从逻辑上推断出吃任何数量的蛋糕都是完全可以接受的。以细致入微的方式来理解灰色地带的能力是强大逻辑的一个方面，我们之后将会回到这一点上。

这里的主要教训就是我们需要理解“不合逻辑”和“不合情理”之间的差异。

什么是合乎情理的人?

如果我认为你的基本信念是不合理的,那么我会判定你是不合理的。但这可能并不意味着你是与逻辑相矛盾的,这只是意味着我们之间存在一些根本的分歧。如果两个数学体系有不同的公理,那么它们不是不一致——它们只是不同的体系。我们能做的最好的事情,就是讨论哪个体系对于问题中的情境来说是一个更好的模型。

我们应该承认,“合理的”基本信念是一个灰色地带,而且是一个不可避免的社会学概念:不同的文化认为不同的事物是合理的。然而,我认为“合理性”的关键组成部分就是可以验证和调整的某种框架。

如果你的核心信念之一是月亮是由奶酪制成的,我会说尽管这是有趣的虚构想法(就像《超级无敌掌门狗:月球野餐记》中说的一样),但这是不合理的。那么,我思考这个问题的框架是什么呢?首先,我运用了一个逻辑论证:奶酪是牛奶制品,而牛奶是来自动物的。所有这些奶制品是如何进入轨道的呢?其次,我用证据来论证:人类登上过月球,并且带回了尘土,而不是奶酪。

当然,有些人相信登月是假的,并且认为所有关于登月的证据都是一个巨大阴谋的一部分。我也会说这是不合理的,因为相信科学证据就是我的一个核心信念。稍后,我将回到合理怀疑和怀疑主义的问题上。

在我们进一步讨论之前,我们应该注意到,其实有些公理并不需要是合理的,它们更像是个人的品位。我们可以喜欢食物,也可以不喜欢食物，可以喜欢音乐，也可以不喜欢音乐。这样的品位有时也会得到进一步的调整。我曾经认为我不喜欢吐司只是我自己的一个公理，但是人们太过频繁地质疑它，以至现在我会用我不喜欢松脆的东西这一更加根本的事实来解释它，因为咀嚼这类食物让我感觉很暴力。你可能会认为我很荒唐，或者极其敏感。但是我认为，作为一个理智的人，我有权利不喜欢咀嚼松脆食物的感觉。

除了完全的矛盾，我们很难判断什么算是合理的核心信念，而又不让自己陷入相对主义空间：你可能会担心，我只能说某人的信念相对于我的信念而言是不合理的，而此时他们又会说我的信念相对于他们的信念而言是不合理的。事实上，许多争论都是这样徒劳无功的，身处其中的双方都认为对方是不合理的，因而无法取得任何进展。

撇开个人的品位问题不谈，我认为合理性存在一个标准，在这个标准下它有可能不是相对的，而线索就在“合理”这个词中：你的信念是否可以被劝导？也就是说，你愿意改变它们吗？你是否有一个框架从而知晓什么时候去改变它们？你是否会在某种情况下改变它们？

在《麦克白》中，我最喜欢的情节就是麦克达夫试图说服马尔科姆从流亡中归来，并夺取麦克白的苏格兰王位。马尔科姆有一个聪明而睿智的方法来判断这是不是一个诱使他以身犯险的陷阱。他开始把自己描绘成一个可怕的人，一个非常残忍和邪恶的国王。他需要看看麦克达夫对他的支持是否出于理性。如果麦克达夫是理性的，那么面对马尔科姆的坦诚，麦克达夫将会收回他的支持。如果麦克达夫没有收回自己的支持，那么马尔科姆会认为这种支持是不理性的，因此这个人是不值得信任的。结果，麦克达夫绝望地喊道：“噢！苏格兰！苏格兰！”并收回了自己的支持，决定永远离开苏格兰。因为在有新的证据显示马尔科姆不适合做国王时，麦克达夫收回了对他的支持，所以马尔科姆确信了这份支持是理性的。

我认为这种在证据面前改变结论或公理的开放态度是理性的一个重要标志。如果一个人不顾越来越确凿的反面证据继续支持一个人、一个观点或一条教义，这就标志着这种支持就是盲目的，而不是理性的。忠诚与盲目支持之间是有区别的，健康的怀疑主义和科学的否定之间也是有区别的。我认为这是一个模糊逻辑的例子。忠诚意味着在小事上不改变你的支持。盲目支持意味着在重大问题或任何问题上都不改变你的支持。当然，什么算是“大问题”，什么算是“小问题”，这仍然是一个问题。

以下是我多年以来改变主意的一些事情。我已经在第十三章中提到了强制投票的问题。现在，我也会支持文科教育，因为我发现这种教育既可以是非正式的（就像我接受的教育那样），也可以是正式的（就像美国的教育体系那样）。现在，我支持一种更积极的女权主义形式，因为我看到消极的形式并没有实现我想要看到的改变。我（勉强）支持早起，因为我发现可能是出于激素的原因，早起有助于我减肥。我坚信要为自己做事，而不仅仅为别人做事。因为我发现我如果忽视自己，就会降低自己为别人做事的能力。

我如果仔细研究这些案例，就会发现我已经从逻辑、证据和情感的结合体中改变了自己对公理的看法。即使这是不明确的，也存在某种框架。

框架

我们已经讨论了数学和科学都有用来决定把什么作为真理的框架。对于数学来说，框架就是逻辑证明。对于实验科学来说，这个框架是寻找证据的过程。它是以统计数据为基础的，这意味着科学家必须找到足够的证据来支持一个理论，使其具有足够的确定性。接下来这个框架表明，如果新的证据能够推翻这一水平的确定性，甚至指向不同的方向，科学理论就会相应地改变。这与那种你出于自己的喜好而编造出来的“理论”是大不相同的。

我们可以对新闻报道的框架进行类似的研究。根据一种特定的问责框架，记者应该收集信息来支持他们的报道。与科学中的框架相比，它虽没有那么严格的要求，但仍要遵循一些有关交叉检查和来源可靠性的标准。再说一次，这与那种某人编造的“新闻”是大不相同的。在这两种情况下，报道都有可能是错误的，但是在第一种情况下，存在一个发现错误并且撤回报道的程序，而在第二种情况下则没有。

这是错误报道和假新闻之间的关键区别。不幸的是，“假新闻”这个词已经或多或少地被一些人盗用，来表示“我不同意某些事物”的意思。如果一家报纸因为他们发现消息来源变得不可靠或者自己被误导而撤回一篇文章，那么有些人可能会喊道：“假新闻！”无论如何，至少报纸是有一个框架和程序来核实它们的报道的。某些事情在发表之后才被证明是错误的，听起来很不幸。但是在科学中，尽管经过了更加严格的验证过程，这种情况还是会发生。所以，这在新闻业也会发生，因为新闻业具有较少的严谨性和更大的时间压力。对于我们当中理性的人来说，能够持续区分通过框架得出的声明和没有通过框架得出的声明是很重要的。尝试区分“事实”和谬误是非常吸引人的，但是你如果谨慎地遵循逻辑，就会发现，确切地说出事实是非常困难的。我们能做的最好的事情就是根据一个描述良好的框架来验证一个陈述，并且接受一个事实，即这个框架在以后可能会被发现是错误的。

此时，我们再次面临陷入循环的危险，因为这里存在合理的框架和不合理的框架。如果“合理的”是根据一个“合理的框架”来定义的，那么我们是否真的有进展？或者我们只是在做一个循环的定义？

我认为这就是人们对于什么是合理的、什么是不合理的存在很大分歧的原因：合理框架这一概念是社会学的，就像有效的数学证明这一概念是社会学的一样。有一群人认为科学方法是最合理的框架，而另一群人则认为这是一个阴谋。

如果有人完全不准备改变他们对某个事物的想法，那么我会把这少数事物之一作为不合理的迹象来反驳。这种情况通常是以英雄崇拜的形式出现的，我认为这对理性社会是非常危险的。

英雄、超级巨星和天才的神话

怀疑主义是理性的重要组成部分，忠诚是人类的重要组成部分，但是两者在走向极端时都会变得非常危险。当没有任何条件（或者条件非常极端）能够让人们改变他们的想法时，盲目的怀疑和盲目的忠诚就出现了。

例如，一个否认气候变化的人可能会说，如果地球上的平均温度在一年内上升 10 摄氏度，他们就会相信全球变暖。这很难算作“愿意”改变主意，因为这有点像在说：“好吧，我会相信的，如果地狱冻结了的话。”即使产生很多支持进化论的证据，否认进化论的人也可能不会改变他们的看法。因此，科学家也许应该停止把使用证据作为说服他们的方法，尝试使用情感。

盲目的忠诚在另一方面可能是危险的。如果人们不顾一切地支持一个人，那个人就会获得超级巨星或者“天才”般的地位。无条件的支持听起来是件高尚的事情，但它实际上应该像许多其他事情一样处于某种灰色地带中。一个人表现得多糟糕，你才会不再支持他们？人们通常认为父母会对他们的孩子们表现出无条件的爱，但如果孩子长大后成为一个杀人狂，那么这种爱可能会被推到接近极限或者超过极限。

这是一个极端的例子，但是我们总会看到一些不太极端的例子——利用自己权力的人——出现在我们身边。当一个人开始觉得自己拥有无条件的支持者，这些人把他们当成某种“天才”来崇拜时，他们可能会开始行为不端，因为他们知道自己可以依靠追随者的盲目忠诚。这种情况可以发生在所有领域，包括科学和学术界、音乐界、电视和电影界以及餐饮行业。它有助于形成一种剥削和骚扰普遍存在的文化，所以我认为我们应该制止这种文化。当然，这不是一个简单的问题。我们应该在什么时候收回自己对某人的支持？这又回到了“小”问题和“大”问题之间的差异问题，而这又是另一个灰色地带了。

理性承认灰色地带

在这本书中，灰色地带反复出现。它们似乎无处不在，我认为我们需要接受这个现实，并且应对它，还要承认理性包括接受一些相当模糊的事物。例如，许多事情“只是理论”，但这并不能使它们同样可信，或者同样可疑——这取决于建立那些理论的框架。同样，如果一大批人或者消息来源都同意彼此的意见，这并不一定意味着存在阴谋，但阴谋也可能是存在的——这又一次取决于建立共识的框架。

对于理论、消息来源、专家和证据，我们都可以表现出许多不同程度的信任和怀疑。这不仅仅是相信或者不相信某个事物的问题，在这两者之间还有很大的灰色地带。

我们是否应该相信科学界“专家”？在一个极端，有些人认为科学家们串通一气。在另一个极端，有些人则认为科学是绝对的、无懈可击的真理。在反对科学的情况下，有些人认为相信科学意味着你是一只不善思考的绵羊，而聪明的人总是对一切事物都持怀疑态度。他们为此会引用一些过去的、被证明是错误的科学理论。在赞成科学的情况下，有些人认为那些对科学持怀疑态度的人是不理性的，使用的是情感而不是逻辑。这两组人都倾向于认为对方是愚蠢的，而这并不是一个有益的情况。

我想我们应该承认到处都存在灰色地带。对于怀疑来说，有健康的怀疑和盲目的怀疑，以及两者之间的一切事物。对于信任来说，也有健康的信任和盲目的信任，以及两者之间的一切事物。我想再一次表明，健康的怀疑和信任来自一个良好定义的框架，包括证据和逻辑。

盲目的信任和盲目的怀疑也许表面上看起来真的很像健康的版本。这两种版本可能同样是狂热的。但是，如果某些人不能通过许多步骤来证明他们的信任或者怀疑，那么我会认为他们的信任或者怀疑是盲目的。我无法始终证明我的科学信念的合理性（因为没有终点），但是我可以坚持一段时间：我相信科学框架的体系，因为它有制约与平衡的机制；它是自我反省和自我批评的；它是一个过程，而不是最终结果；它有一个自我更新的框架，当它发现自己错了并且纠正自己时，它是知道出错的原因的。

有些人认为承认自己错了是软弱的表现，改变自己的想法是优柔寡断的表现。但是，我认为这两者都是你在信任和怀疑上拥有某些框架的重要标志。对于我来说，这是一种更强大的理性形式的标志。

强大的理性

理性是一个开始，但还不够。你可以避免不合逻辑，但你仍然无法做到无所不能，就像只能通过从来不去任何地方来确保旅行安全一样。这与在环游世界的同时又保证旅行安全是不同的。强大的理性不仅意味着使用逻辑、避免逻辑上的不一致，还意味着使用逻辑来构建复杂的论证以及获得新的见解。

贯穿本书，我讨论了我认为对强大的理性有帮助的逻辑技巧和逻辑过程。首先是抽象，抽象使我们能够在最开始的地方使用更好的逻辑。我认为它有三个主要组成部分：路径——由长串的逻辑链构成；压缩包——由一组已经被结构化为新的复合单元的概念构成；枢纽——运用各层级的抽象来搭建通往原先断联区域的桥梁。

抽象是一门学科，它将相关的细节从无关的细节中分离出来，并且寻找情境背后真正的原则，这样我们就可以尝试应用逻辑了。

接下来，重要的是遵循一长串的推论，包括向前的推论和向后的推论，而不是像得不到冰激凌就只会大吼大叫的小孩那样，只能采取简单的手段。我们向前遵循逻辑，以便理解一个人所有的思考结果；向后遵循逻辑，以便构建和理解事物复杂的辩解理由。这包括能够将一个系统公理化，使其变成非常基本的信念，而不仅仅因为相信事物而相信事物。这还包括能够理解别人的信念。你如果不能顺着长长的逻辑链条倒着走，就会被困在泥沼里，把你相信的几乎所有事情都当作基本信念。这并非完全不合逻辑，但也不是很有见地，几乎没有给富有成效的讨论留下任何可能性。“你为什么这么认为？”“因为我就是这么认为的。”我认为强大的理性能够将你的推理降解成珍贵的核心信念，并且能够把“你为什么这么认为？”这个问题的答案推向格外深入的层面。就像数学家应该有能力将他们的证明填入任何人所要求的“分形”层级一样，我们也应该有能力用我们的信念做到这一点。

把相互关联的想法构建成复合单元是逻辑力量的重要来源。每当我们想到一个家庭、一个团队，或者各种动物的复合名词（一群鸟、一群蜜蜂、一群牛）时，我们都会自然而然地把一组事物看作一个整体。我们会想到一所学校（以及所有组成学校的人）、一个企业以及一个戏剧公司。我更喜欢对这些复合名词使用单数形式的动词，因为我真的把它们看成了独立单元。我会说“My family is going out for dinner”，而不会说“My family are going out for dinner”。

将复杂的体系打包成独立的单元并不意味着忘记体系是由个体构成的。强大的理性包括理解个体间相互关联的方式，还包括形成整个体系的方式，正如我们在第五章中看到的。在看过这些大篇幅的相互关联的因果关系图之后，你可能会对如此复杂的情况感到绝望。然而，如果我们开发自己的逻辑能力，将这些复杂的体系作为一个单元来理解，那么它就不再显得那么复杂了。这个有关复杂体系的想法中包含了灰色地带，因为它们是由这样一些情况组成的：我们并不是得到了一个简单的“是”或“否”的答案，而是在一个渐变的范围里得到了一系列相关的答案。这就像每一个可能产生的不同结果都有一定的概率，我们不能试图只预测一个结果。比起一个预测，人们可能很难理解一系列的概率。但是，接下来一个强大的理性人会通过开发技能来理解更为困难的概念，而不会放弃和求助于简单的概念。对于灰色地带也是如此。

我们倾向于寻找问题的单个成因或者单个答案。要找出造成复杂情况的一个原因，方法之一就是简单地忽略所有其他的原因，就像人们在把复杂局面归咎于某个人时经常做的那样。然而，另一种找到单个原因的方法就是将整个体系打包，并且将这个压缩包视为“一个成因”。

这么做使我们能够更加清晰地思考，能够转移到不同的抽象层级。在第十三章中，我们详细讨论了类比是如何使用抽象来构成向其他情况转换的枢纽的。我相信强大的理性包含了在不同抽象层级之间移动的强大能力，它能够制造不同类型的枢纽，在不同的语境间移动，看到许多观点。

强大的理性能够将公理与蕴涵区分开，这与能够将逻辑与情感区分开有关。这并不意味着压制其中的一方或者另一方，而是理解在某种情境下每一方扮演的角色，以及各自的贡献。这涉及寻找包括他人在内的逻辑的正当理由或者情感事实的促成因素。由此，我想到了理性更为重要的一个方面：如何在人际交往中使用理性。

我认为比成为有力量的理性人更优秀的事就是成为一个有智慧的理性人。这种人不仅是有力量的理性人，还会利用这种力量来帮助世界，就像最完美的超级英雄会利用他们的超级力量去帮助世界一样。我认为，我们使用这种超级力量来帮助世界的最佳方式就是弥合分歧，促成具有更多差异性但更少分歧点的对话，并且努力建立一个团结一致的群体。

有智慧的理性

生活不一定是零和游戏，在这个游戏中赢的唯一方法就是确保别人输。那些认为生活就是如此的人通常会试图操纵那些他们认为可以击败的人。确实有很多例子表明人们会为了更大的利益而合作，而非竞争。这就是团队和群体的精髓，也许还是人类的精髓。毕竟，我们不是自己孤零零地生活在洞穴里，而是生活在各种规模的群体（家庭、社区、学校、公司、城市、国家，如果幸运的话，甚至是国家之间的合作组织）中。

我相信卡洛·M. 奇波拉在《人类愚蠢基本法则》中提出的智慧理论，这是一个略加修改的版本。他根据自己和他人的利益和损失来定义愚蠢和智慧。

如果你对自己有利，却伤害了别人，那么你就是强盗。如果你有益于别人，却伤害了自己（或者蒙受了损失），那么奇波拉会称之为“不幸”，尽管可能我更愿意称你为一名殉道者。这两种情况都使生活变成了一场零和游戏。另一方面，还有一些人在伤害别人的同时也伤害了自己，就像在囚徒困境中一样，奇波拉把这定义为愚蠢。剩下的可能性就是同时有益于自己和他人，奇波拉将这个互利的象限定义为智慧。

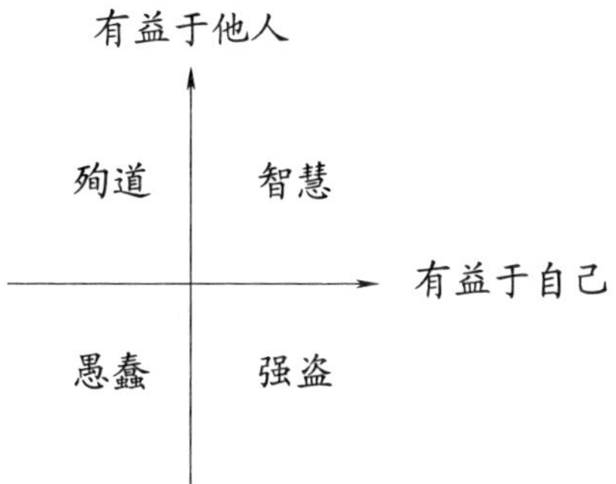

这是一个令人大开眼界的关于智力的定义，与知识、成就、分数、资历、学位、奖赏、天赋以及能力都无关。我喜欢这个定义，我将用这种形式的智慧来描述有智慧的理性。有智慧的理性就是你不单单在强有力地运用逻辑，还在人际互动中运用逻辑来帮助每个人。有智慧的理性旨在帮助人们更好地相互理解，在帮助别人的同时也帮助自己。如果你只是用逻辑去驳倒别人的论点，强推自己的论点，你就是智慧版本的强盗。

智慧的理性是关于如何在人类互动中使用逻辑的，因此它必须包含情感，以支持我通过各种方式描述过的所有逻辑论点。如果没有这一点，我相信我们没有任何机会与那些不同意我们观点的人相互理解。相反，智慧的理性应该包括能够从别人和我们自己的情感反应中找到逻辑，而不仅仅是认为情感是错误的。

例如，当我得到一个搬到芝加哥的机会时，我感到很困惑。因为从理性上来看，这显然是我最好的选择，但在情感上我觉得很不情愿。为了理清这种不一致，我写了一份权衡利弊的清单。我发现了自己困惑的原因：支持这一举措的是少量但非常重要的点，而让我放弃这一举措的是大量的次要的细节。我的情绪被大量的次要细节淹没了。一旦我发现了自己恐惧的根源，我就能削减它。最后，我毫不犹豫并且毫不后悔地做出了决定。

另一个例子是，当我吃太多冰激凌的时候（虽然我知道这之后会感到很不舒服），我可以告诉自己我只是不符合逻辑，但真实情况比不符合逻辑更加微妙：我更看重短期的快乐（美味的冰激凌），而不是不久后即将面临的痛苦。这并非不合逻辑，这是一种选择。一旦明白了这一点，有时我就能做出不同的选择。

和自己进行争论和推理是很好的第一步，但是，和别人争论又会是怎样的呢？对于不同意我们的观点的人，我们应该做些什么？

为什么有逻辑的人依然会产生分歧

逻辑思维清晰的人之间仍有可能产生分歧，承认这一点非常重要。这并不意味着有一个人是不合逻辑的，尽管可能情况就是如此。还有可能这两个人都是不合逻辑的，但这也并不意味着两个人都是愚蠢的。有逻辑的人会产生分歧可能是因为他们最初依据的公理并不相同。

例如，一个人支持帮助他人，而另一个人支持每个人都应该帮助自己。这两个是不同的基本信念，但都不是不合逻辑的。事实上，我认为这是一个错误的二分法：我支持每个人都应该帮助自己，但是有些人是享有特权的，他们比别人拥有更多的资源，这些资源可以帮助他们，所以我们都应该试着帮助那些比我们拥有更少特权的人。

有逻辑的人还会因为逻辑的极限而产生分歧。到达这些极限的时候，我们可以采用许多不同的方法继续前进，这取决于逻辑用完后我们选择什么方法来帮助自己。通常情况下，我们会选择不同方法来处理灰色地带，或者在灰色地带中选择不同的位置来画一条任意的界线。如果一个人指责另一个人没有逻辑，那么可能是因为逻辑的范畴已经到达极限，所以两个人都不是完全符合逻辑的。

我认为，超越基本逻辑的重要方面之一就是找到这些不同意见的来源。这需要更加有力地运用逻辑，以便做出更好的论证。

精彩的论证

我想在这个世界上看到更多精彩的论证。我这么说是什么意思呢？我认为一个精彩的论证是具有逻辑成分和情感成分的，它们共同发挥作用。这就像一篇上乘的数学论文不仅要有滴水不漏的逻辑证明，还要有精彩的阐述一样。阐述中的想法会被勾画出来，这样我们就能通过这些想法来探索自己的思路，一步一步地理解其中的逻辑。一篇优秀的论文还能解决明显的悖论，解决那些符合逻辑却似乎与我们直觉相矛盾的情境。

解决分歧的第一步，也是最重要的一步，是找到分歧的真正根源。这应该是一个非常接近基本原则的事物。我们应该通过在自己和别人的论证中遵循长串的逻辑链来做到这一点。我们应该尽量把它表达成一个普遍的原则，这样我们就可以用类比的方法对它进行充分的研究了。

下一步，我们应该在我们不同的立场之间建立某种桥梁。我们应该运用自己最出色的抽象能力和枢轴，试着找到一种意义。在这个意义上，我们实际上是基于同样的原则的，只是处在灰色地带的不同位置。

然后，我们应该投入自己的情感，以确保我们能参与他们的情感，并且明确他们处在什么位置。接下来，试着慢慢地向我们能够相遇的地方靠拢。这包括寻找能够说服他们改变主意的事物（如果有的话）。我们还必须证明我们自己是合理的，而且我们也愿意改变自己的立场。我们如果是合理的，就应该这样做。如果我们真正理解了他们的观点，那么我们可能会发现一些自己不知道的事物，而这些事物确实会导致我们改变自己的立场，甚至改变自己的想法。

从根本上来说，我认为在一场精彩的争论中，每个人的主要目标都是理解其他人。而这种情况实际发生的频率有多高？不幸的是，大多数争论的目标都是打败其他人——大多数人都在试图证明自己是正确的，而其他人是错误的。我认为把这作为主要目标是没有成效的。我很遗憾我曾经也和所有人一样，但是我逐渐意识到，我们真的不必把讨论当作竞争。如果每个人都开始去理解其他人，我们就能发现我们的信念体系有怎样的不同。这并不意味着一个人是正确的，而另一个人是错误的——也许每个人的信念体系都会与其他人造成矛盾；这不同于人们对自己的信念体系产生矛盾。但不幸的是，太多的争论变成了攻击和防御的循环。在一场出彩的辩论中，没有人会觉得受到了攻击。人们不会觉得受到了不同观点的威胁，当它们只是观点时，也不需要把它们当作批评。这是每个人的责任。如果每个人都是一个有智慧的强大的理性人类，那么每个人都会为自己承担这个责任。为了实现这一点，我们都需要有安全感。在每个人都变得聪慧之前，那些聪慧的人应该努力承担责任，使每个人都不会感受到攻击。在任何可能产生分歧的情况中，我都会尽可能地提醒自己：这不是竞争。因为事实上，它几乎从来都不是一种竞争。

一场精彩的争论确实会调动情感，但不应该恐吓或者贬低他人。一场精彩的争论需要通过激发情感来与人们建立联系，为逻辑进入人们的心灵而不仅仅是思想创造一条道路。这比互相攻击和试图用“致命一击”来结束讨论要花费更长的时间，我认为这是正确的。逻辑是缓慢的，正如我们在研究它如何在紧急情况下失败时看到的那样。当我们不处于紧急情况下的时候，我们应该进行缓慢的争论。不幸的是，世界运转得越来越快，随之而来的是人们注意力持续的时间越来越短，这意味着我们正承受着用 280 个字符来说服人们的压力、用精辟的语言来评论一幅有趣的图画的压力，或者用一句巧妙的俏皮话（不管是正确的还是不正确的）来表达想法的压力。这样，某人就可以宣称自己“疯了”或者扔麦。但是，这没有留出细微差别或者调查的空间，也没有留出寻找我们赞同和不赞同的意义的余地。它没有留出时间来搭建桥梁。

我希望我们所有人都能与不同意我们的意见的人搭建起桥梁。但是那些不想搭建桥梁的人该怎么办呢？那些真的想要反对的人又该怎么办呢？这是一个元问题。首先，我们必须说服人们想要这些桥梁，就像我们在抱着分享数学的期望前，要先激励人们学习一些数学一样。

作为群体中的人类，我们彼此之间的联系是我们拥有的一切。如果我们都是与世隔绝的隐士，那么人类就不会达到现在的境地。人与人之间的联系通常被认为是情感上的，而数学通常被认为是远离情感的，因此也是远离人性的。但我坚信，在与情感紧密结合的情况下使用数学和逻辑，是可以帮助我们在人与人之间建立起更好的、更富有同情心的联系的。但是，我们必须以一种微妙的方式来做这件事。我们已经看到，非黑即白的逻辑会导致分歧和极端的观点。错误的二分法在其造成的分歧中是很危险的，无论是在思想中还是在人与人之间。逻辑和情感是错误的二分法之一。我们如果想和其他人在这个地球上和谐共处，就不应该让自己陷入与他们的徒劳的战斗中。而且，我们也不应该把逻辑和情感放在逻辑无法胜出的徒劳的战斗中。

这不是战争，也不是竞争。这是一门协作的艺术。有了逻辑和情感的共同作用，我们将获得更好的思维，从而收获对这个世界和彼此的最大限度的理解。

致谢

首先，我要感谢安德鲁・富兰克林和 Profile Books 的所有人，他们给予了我非常深远的支持。还要衷心感谢拉腊・海默特、T. J. 凯莱赫和基本图书公司的所有人。很荣幸大西洋两岸的出版商都相信我，并推动我作为一名作家不断发展。对于这本书，我必须特别感谢尼克・希林，他在书稿编辑方面为我提供了有力的帮助。

我非常感谢我在芝加哥艺术学院的学生。他们的智慧能量和社会责任感促使我用抽象数学去解决越来越多的社会问题，这也直接促成我撰写了本书。我还要感谢学校里的每一个人。学校在我工作的方方面面都给予了全面的重视，为这样一个机构工作是一件无比开心的事。

没有我的父母、我的姐姐、我的小外甥利亚姆和杰克的支持和鼓励，这本书不可能问世。我的小外甥已经不像我在上一本书中感谢他们时那么小了。

还要感谢我的好朋友们，他们的见解、趣闻和论点让我能够更清晰地思考，激励我更好地运用自己的思维。我要特别感谢下面这些人，我在本书中提到过的：我的博士生导师马丁・海兰德，我的英语老师玛丽丝・拉金，我的数学老师安德鲁・穆德尔，还有威尔・博斯特、奥利弗・卡马乔，丹尼尔・芬克尔、杰西卡・克尔、萨莉・兰德尔和芭芭拉・波尔斯特。我永远感谢莎拉・加布里埃尔，她一直是引领我走出迷雾的灯塔。

第十三章献给格雷戈里・皮布尔斯，我最精彩的、最富有感觉的论证就发生在我们之间。